Kopfrechnen
trainiert euer Gehirn

Coverbild:

Bild von Clker-Free-Vector-Images auf Pixabay (Läufer)

eMail: rechnen@avko.de
https://rechnen.avko.de

Axel von Kalben

Kopfrechnen
trainiert euer Gehirn

Rechentricks, Vereinfachungen,
Anwendungen, Übungen

© 2020 Axel von Kalben

Herstellung und Verlag: BoD – Books on Demand, Norderstedt

ISBN: 978-3-7528-1479-8

Inhaltsverzeichnis

1. Trainiert euer Gehirn!

Fitness – hätte nicht jeder gerne einen sportlichen durchtrainierten Körper? Millionen Menschen nehmen mehrmals in der Woche schweißtreibende Übungen in Kauf. Sie zahlen einen monatlichen Beitrag, um stundenlang auf extra dafür konstruierten Maschinen zu trainieren.

Warum?

Ich vermute, neben gesundheitlichen Aspekten spielt der Wunsch, einem Schönheitsideal zu entsprechen, die Hauptrolle. Doch auch wenn körperliche Fitness wichtig für die eigene Gesundheit ist, zählen heute in Schule, Beruf und Alltag vor allem geistige Fähigkeiten.

Aber wer trainiert schon gezielt sein Gehirn? Bringt das überhaupt etwas?

Wenn ihr euch genügend anstrengt, wächst eure Muskelmasse und mit der Zeit könnt ihr immer größere Gewichte bewältigen. Das Gehirn arbeitet ähnlich. Nur dass nicht die Gehirnmasse wächst, sondern die Anzahl der Verknüpfungen zwischen den Nervenzellen im Gehirn.

Je dichter eure Zellen verknüpft sind,

*   desto leichter werdet ihr Aufgaben unterschiedlichster Art lösen können
*   desto weniger behindern euch Blockaden (Denkblockaden, Demenz, Alzheimer,..). Stellt euch die Verbindungen zwischen den Nervenzellen als ein Netzwerk von Straßen vor. In einem dichten Netz stört es kaum, wenn ein Durchgang versperrt ist. Es gibt genügend Ausweichrouten. Bei nur wenigen Verbindungen ist es im Falle einer Blockade ggf. unmöglich, das Ziel zu erreichen.

Beim Kopfrechnen lernt ihr, unterschiedliche Strategien auszuwählen und anzuwenden, um Berechnungen soweit wie möglich zu vereinfachen. Das hilft euch auch bei komplexeren Aufgaben, zum Beispiel in der Algebra.

In vielen gesuchten und gutbezahlten Berufen spielt die Mathematik eine Rolle. Sie ist der Schlüssel für Physik und Chemie und im Wirtschafts- und Finanzbereich. Big Data und Künstliche Intelligenz nutzen mathematische Methoden.

Mathematik ist einfach, denn sie beruht auf festen Regeln. Viele Menschen haben jedoch Schwierigkeiten ein konkretes Problem in die abstrakte mathematische Denkweise zu übertragen. Andererseits scheitern sie an der Anforderung, die richtigen Regeln für die Lösung einer Aufgabe zu finden. Das beste Mittel dafür ist: Üben.

Kopfrechnen ist nicht gleich Mathematik. Allerdings lernt ihr dabei, wichtige Grundregeln der Algebra anzuwenden.

Natürlich könnt ihr alle Aufgaben mit dem Taschenrechner lösen. Aber damit verlasst ihr euch auf Krücken und verlernt zu laufen.

Genauso wie eure Muskeln verkümmern, wenn ihr sie nicht trainiert, werdet ihr eure Fähigkeiten im Kopfrechnen verlieren, wenn ihr nicht immer wieder übt.

Dieses Buch gehört zu einem Gesamtpaket, das aus folgenden Teilen besteht:

1. Video–Tutorials, die einige der im Buch beschriebenen Techniken näher erläutern.

2. Website unter https://rechnen.avko.de mit einer Browser-App zum Üben (mit Spiel) und Übungsaufgaben mit Lösungen zum Download und Ausdrucken.

3. Das vorliegende Buch, das eine Einführung in das Kopfrechnen und Anregungen für die Anwendung bietet.

Hier ist mein Vorschlag, wie ihr vorgeht:

4. Überprüft euer Basiswissen im Kapitel 2 und übt mit der Browser-App bzw. den Übungsblättern von der Website. Bevor ihr nicht absolut fit in den einfachen Rechnungen und dem Einmaleins bis 10 seid, macht es wenig Sinn, weiter zu lesen.

5. In den Kapiteln 3 bis 9 findet ihr verschiedene Techniken und spezielle Tricks, um das Kopfrechnen zu vereinfachen. Die beschriebenen Strategien erheben keineswegs den Anspruch auf Vollständigkeit. Wenn es euch Spaß macht, denkt euch selbst welche aus.

6. Seht euch die Themen in den Praxis-Kapiteln 10 bis 13 an. Gibt es etwas, das euch interessiert? Ihr findet eine Reihe von Vorschlägen, wie ihr Kopfrechnen im Alltag nutzen könnt. Die verwendeten Techniken wurden in den Kapiteln 3 bis 9 erläutert.

7. Wer dann noch Lust auf mehr hat, kann sich auf der Website über weitergehende Literatur informieren (http://rechnen.avko.de/wordpress/literatur) und für Kopfrechenwettbewerbe üben.

Beachtet bitte: Ihr solltet alle Rechnungen im Kopf nachvollziehen (= nachrechnen) und versuchen sie zu verstehen. Wenn ihr dazu nicht bereit seid, dürft ihr

gerne weiterlesen, aber ihr werdet nicht viel von der Lektüre profitieren.

Die in dem Buch vorgestellten Vereinfachungen und Strategien beziehen sich auf die Menge der positiven rationalen Zahlen.

2. Kopfrechnen Basics

Folgende grundlegende Rechenfähigkeiten setze ich voraus:

2.1 Addition, Subtraktion, Multiplikation und Division im Zahlenraum von 1 bis 20

Die Lösung dieser Aufgaben solltet ihr sofort beim Lesen parat haben:

$$3 + 4$$
$$9 - 3$$
$$3 \cdot 3$$
$$8 : 4$$

Die nächsten Aufgaben löst ihr in maximal einer Sekunde:

$$7 + 8$$
$$13 - 5$$
$$3 \cdot 6$$
$$20 : 4$$

Wiederholt das kleine Einmaleins, denn es bildet die Grundlage für alle Multiplikations- und Divisionsaufgaben. Je besser ihr das Einmaleins beherrscht, desto leichter werden euch diese Aufgaben fallen und desto schneller werdet ihr im Kopf rechnen können.

Deckt den hellen Bereich der untenstehenden Tabelle mit einem Blatt Papier ab und prüft, ob ihr die Produkte der Zahlen in den Zeilen und Spalten richtig berechnet.

Kleines Einmaleins:

1	2	3	4	5	6	7	8	9	10
2	4	6	8	10	12	14	16	18	20
3	6	9	12	15	18	21	24	27	30
4	8	12	16	20	24	28	32	36	40
5	10	15	20	25	30	35	40	45	50
6	12	18	24	30	36	42	48	54	60
7	14	21	28	35	42	49	56	63	70
8	16	24	32	40	48	56	64	72	80
9	18	27	36	45	54	63	72	81	90
10	20	30	40	50	60	70	80	90	100

Neben untenstehenden Aufgaben findet ihr auf der Webseite https://rechnen.avko.de Übungsblätter oder die Browser-Apps.

Aufgaben einfache Addition / Subtraktion:

1: 11 - 6	2: 10 - 7	3: 16 + 7
4: 14 + 1	5: 16 - 12	6: 7 - 2
7: 5 + 7	8: 17 + 2	9: 7 + 6
10: 14 - 4	11: 20 - 16	12: 13 - 1
13: 5 + 9	14: 14 + 19	15: 3 + 17
16: 13 + 7	17: 6 + 2	18: 3 + 1
19: 2 + 17	20: 19 + 15	21: 18 + 4
22: 11 + 20	23: 20 - 15	24: 16 - 11
25: 19 - 8	26: 10 - 1	27: 20 + 19
28: 4 + 18	29: 12 - 2	30: 8 + 4
31: 15 + 8	32: 6 + 13	33: 7 + 8
34: 15 - 2	35: 11 + 11	36: 6 + 18
37: 14 - 2	38: 15 + 4	39: 1 + 10

Lösungen einfache Addition / Subtraktion:

1: 5	*2:* 3	*3:* 23
4: 15	*5:* 4	*6:* 5
7: 12	*8:* 19	*9:* 13
10: 10	*11:* 4	*12:* 12
13: 14	*14:* 33	*15:* 20
16: 20	*17:* 8	*18:* 4
19: 19	*20:* 34	*21:* 22
22: 31	*23:* 5	*24:* 5
25: 11	*26:* 9	*27:* 39
28: 22	*29:* 10	*30:* 12
31: 23	*32:* 19	*33:* 15
34: 13	*35:* 22	*36:* 24
37: 12	*38:* 19	*39:* 11

Aufgaben Einmaleins:

1: $10 \cdot 9$	*2:* $6 \cdot 2$	*3:* $6 \cdot 7$
4: $5 \cdot 3$	*5:* $8 \cdot 5$	*6:* $7 \cdot 7$
7: $4 \cdot 4$	*8:* $5 \cdot 5$	*9:* $6 \cdot 5$
10: $9 \cdot 8$	*11:* $6 \cdot 3$	*12:* $4 \cdot 3$
13: $5 \cdot 10$	*14:* $6 \cdot 9$	*15:* $5 \cdot 6$
16: $9 \cdot 10$	*17:* $2 \cdot 10$	*18:* $6 \cdot 8$
19: $10 \cdot 6$	*20:* $3 \cdot 4$	*21:* $10 \cdot 7$
22: $4 \cdot 2$	*23:* $7 \cdot 6$	*24:* $8 \cdot 3$
25: $9 \cdot 7$	*26:* $7 \cdot 4$	*27:* $6 \cdot 4$
28: $2 \cdot 6$	*29:* $7 \cdot 10$	*30:* $4 \cdot 9$
31: $9 \cdot 2$	*32:* $2 \cdot 9$	*33:* $5 \cdot 7$
34: $10 \cdot 4$	*35:* $2 \cdot 4$	*36:* $6 \cdot 10$
37: $4 \cdot 5$	*38:* $7 \cdot 9$	*39:* $7 \cdot 3$

Lösungen Einmaleins:

1:	90	2:	12	3:	42
4:	15	5:	40	6:	49
7:	16	8:	25	9:	30
10:	72	11:	18	12:	12
13:	50	14:	54	15:	30
16:	90	17:	20	18:	48
19:	60	20:	12	21:	70
22:	8	23:	42	24:	24
25:	63	26:	28	27:	24
28:	12	29:	70	30:	36
31:	18	32:	18	33:	35
34:	40	35:	8	36:	60
37:	20	38:	63	39:	21

Multiplikation mit 10

Das Vorgehen kennt jeder: Bei ganzen Zahlen wird eine Null angehängt, bei Kommazahlen verschiebt sich das Komma um eine Stelle nach rechts.

$$24 \cdot 10 = 240$$
$$3,52 \cdot 10 = 35,2$$

Division durch 10

Funktioniert analog zur Multiplikation. Eine Null am Ende der Zahl wird entfernt bzw. das Komma rückt um eine Stelle nach links.

$$90 : 10 = 9$$
$$57 : 10 = 5,7$$

4. Multiplikation mit 2 im Zahlenraum von 1 bis 100

Die Verdoppelung einer Zahl ist eine so gängige Rechenoperation, dass ihr sie kürzester Zeit lösen könnt. Die Multiplikation mit 2 lässt sich auch sehr einfach als Addition darstellen:

$$32 \cdot 2 = 32 + 32 = 64$$
$$27 \cdot 2 = ?$$
$$49 \cdot 2 = ?$$
$$17 \cdot 2 = ?$$

Falls ihr das verlernt habt... (Vielleicht durch zu häufiger Verwendung des Taschenrechners):

Ihr zerlegt die zu verdoppelnde Zahl in Zehner und Einer, multipliziert getrennt und addiert:

$$(30 + 2) \cdot 2 = 30 \cdot 2 + 2 \cdot 2 \text{ oder}$$
Als Addition $30 + 30 + 2 + 2 = 64$
$$(20 + 7) \cdot 2 = 20 \cdot 2 + 7 \cdot 2 = 40 + 14 = 54 \textbf{ oder}$$
$$(25 + 2) \cdot 2 = 25 \cdot 2 + 2 \cdot 2 = 50 + 4 = 54$$

Damit verwendet ihr bereits eine grundlegende Strategie des Kopfrechnens: Ihr zerlegt eine komplexe Zahl in eine einfache, wendet die Rechenoperation jeweils auf diese an und führt die Ergebnisse wieder zusammen.

Was sind „einfache Zahlen"?

Zahlen von 1 bis 9 (noch besser 1 bis 5)

Zahlen von 1 bis 9 mit anhängenden Nullen (30, 300, 3000). Wir ignorieren bei der Rechnung die Nullen und hängen sie anschließend wieder an die Lösung.

In bestimmten Fällen: Zahlen mit einer 5 am Ende (15, 25, 35, 45). Bei einer Multiplikation mit einer geraden Zahl ergibt sich wieder eine einfache Zahl: $25 \cdot 4 = 100$

5. Division durch 2 im Zahlenraum von 1 bis 100

Die Division ist die schwierigste der vier Grundrechenarten. Trotzdem darf euch die Halbierung einer Zahl keine Probleme bereiten. Alle geraden Zahlen sind ohne Nachkommastellen durch 2 teilbar. Bei den ungeraden Zahlen entsteht eine gebrochene Zahl mit dem Bruchteil ½ bzw. 0,5:

$12 : 2 = 6$

$13 : 2 = 6 \frac{1}{2} = 6,5$

Prüft euch selbst: Habt ihr bei der Lösung Probleme?

$68 : 2 = ?$

$36 : 2 = ?$

$94 : 2 = ?$

$17 : 2 = ?$

Falls ihr die Lösung erst noch im Kopf ausrechnen müsst, funktioniert wieder die Vereinfachungsstrategie:

68 : 2	
60 : 2 = 30	Zehnerstelle halbieren
8 : 2 = 4	Einerstelle halbieren
30 + 4 = 34	Ergebnis zusammensetzen

Aufgaben Division durch 2:

1: 74 : 2	2: 22 : 2	3: 60 : 2
4: 17 : 2	5: 78 : 2	6: 48 : 2
7: 26 : 2	8: 65 : 2	9: 24 : 2
10: 39 : 2	11: 42 : 2	12: 96 : 2
13: 12 : 2	14: 72 : 2	15: 94 : 2
16: 84 : 2	17: 50 : 2	18: 21 : 2

19: 70 : 2	20: 87 : 2	21: 76 : 2
22: 30 : 2	23: 62 : 2	24: 100 : 2
25: 91 : 2	26: 18 : 2	27: 80 : 2
28: 36 : 2	29: 88 : 2	30: 57 : 2
31: 52 : 2	32: 59 : 2	33: 98 : 2
34: 10 : 2	35: 45 : 2	36: 32 : 2
37: 82 : 2	38: 40 : 2	39: 3 : 2

Lösungen Division durch 2:

1: 37	2: 11	3: 30
4: 8,5	5: 39	6: 24
7: 13	8: 32,5	9: 12
10: 19,5	11: 21	12: 48
13: 6	14: 36	15: 47
16: 42	17: 25	18: 10,5
19: 35	20: 43,5	21: 38
22: 15	23: 31	24: 50
25: 45,5	26: 9	27: 40
28: 18	29: 44	30: 28,5
31: 26	32: 29,5	33: 49
34: 5	35: 22,5	36: 16
37: 41	38: 20	39: 1,5

6. Multiplikation mit 5

Hier wendet ihr eine Kombination aus den vorhergehenden Techniken an, da 5 = 10 : 2. Je nach Zahl und Vorliebe, kann man zuerst mit 10 multiplizieren und dann durch 2 teilen oder umgekehrt.

Generell rechnen wir schneller mit kleineren Zahlen, so dass ich empfehle, zuerst durch zwei zu teilen und dann mit 10 zu multiplizieren.

Bei ungeraden Zahlen müsstet ihr dann mit Komma rechnen oder einen weiteren Kniff anwenden:

$27 \cdot 5 = 27 : 2 \cdot 10 = 13{,}5 \cdot 10 = 135$

Kniff: Wir ziehen 1 ab, rechnen mit der geraden Zahl weiter und addieren am Ende 5 dazu:

$27 \cdot 5$	
$26 : 2 = 13$	1 von 27 abziehen und mit 26 weiterrechnen
$13 \cdot 10 = 130$	Null anhängen
$130 + 5 = 135$	$1 \cdot 5$ addieren (weil ihr oben 1 abgezogen habt)

Das sieht beim Lesen kompliziert aus, aber nach einiger Übung wendet euer Gehirn diesen Kniff automatisch an.

Beispiele:

$32 \cdot 5$ => rechnet $32 : 2 = 16$, eine Null dranhängen (Multiplikation mit 10) => 160

$47 \cdot 5$ => rechnet $46 : 2 = 23$ (1 gemerkt, eine Null dranhängen) => 230, die $1 \cdot 5$ addieren => 235

Wenn es euch leichter fällt, könnt ihr aber auch genauso gut zuerst mal 10 nehmen und dann durch 2 teilen:

$47 \cdot 5$ => $47 \cdot 10 = 470$ => $470 : 2 = 235$

Aufgaben Multiplikation mit 5:

1:	$45 \cdot 5$	2:	$48 \cdot 5$	3:	$25 \cdot 5$
4:	$32 \cdot 5$	5:	$99 \cdot 5$	6:	$89 \cdot 5$
7:	$20 \cdot 5$	8:	$53 \cdot 5$	9:	$93 \cdot 5$
10:	$58 \cdot 5$	11:	$64 \cdot 5$	12:	$28 \cdot 5$

13: $70 \cdot 5$	*14:* $63 \cdot 5$	*15:* $51 \cdot 5$
16: $92 \cdot 5$	*17:* $81 \cdot 5$	*18:* $68 \cdot 5$
19: $26 \cdot 5$	*20:* $21 \cdot 5$	*21:* $60 \cdot 5$
22: $90 \cdot 5$	*23:* $91 \cdot 5$	*24:* $78 \cdot 5$
25: $95 \cdot 5$	*26:* $55 \cdot 5$	*27:* $47 \cdot 5$
28: $16 \cdot 5$	*29:* $77 \cdot 5$	*30:* $41 \cdot 5$
31: $30 \cdot 5$	*32:* $82 \cdot 5$	*33:* $34 \cdot 5$
34: $22 \cdot 5$	*35:* $73 \cdot 5$	*36:* $39 \cdot 5$
37: $84 \cdot 5$	*38:* $72 \cdot 5$	*39:* $65 \cdot 5$

Bei Aufgaben, bei denen der Multiplikand eine 9 auf der Einerstelle besitzt, habt ihr vielleicht anders gerechnet (zum Beispiel Aufgabe 5 und 6). Hier bietet sich das Aufrechnen und eine anschließende Subtraktion an:
$99 \cdot 5 => 100 \cdot 5 = 500 => 500 - 5 = 495$
Auf diese Technik werde ich später eingehen.

Lösungen Multiplikation mit 5:

1: 225	*2:* 240	*3:* 125
4: 160	*5:* 495	*6:* 445
7: 100	*8:* 265	*9:* 465
10: 290	*11:* 320	*12:* 140
13: 350	*14:* 315	*15:* 255
16: 460	*17:* 405	*18:* 340
19: 130	*20:* 105	*21:* 300
22: 450	*23:* 455	*24:* 390
25: 475	*26:* 275	*27:* 235
28: 80	*29:* 385	*30:* 205
31: 150	*32:* 410	*33:* 170
34: 110	*35:* 365	*36:* 195
37: 420	*38:* 360	*39:* 325

7. Division durch 5

Bei der Division durch 5 können wir durch 10 teilen und das Ergebnis anschließend verdoppeln. Nur Zahlen, die mit 5 oder 0 enden, können ohne Bruchrechnen durch 5 geteilt werden:

$60 : 5 = 60 : 10 \cdot 2 = 6 \cdot 2 = 12$

$75 : 5 = 75 : 10 \cdot 2 = 7{,}5 \cdot 2 = 15$

Um die Kommazahl zu vermeiden, wenden wir den umgekehrten Kniff wie bei der Multiplikation an:

75 : 5	
$7 \cdot 2 = 14$	Verdoppelt die Zehnerstelle
$14 + 1 = 15$	Bei einer 5 auf der Einerstelle addiert ihr 1 (5 : 5 = 1)

Analog zur Multiplikation mit 5 könnt ihr bei der Division auch umgekehrt vorgehen. Also zuerst mit 2 multiplizieren und anschließend durch 10 teilen (das Komma verschieben): $\quad 75 \cdot 2 = 150 => 150 : 10 = 15$

Exkurs: Das Bruchrechnen bei der Division durch 5 zähle ich nicht mehr zu den Basics. Es ist aber so einfach, dass es für euch kein Problem sein sollte:

$37 : 5 =>$ ihr vereinfacht auf 35 : 5 Rest 2

$35 : 5 = 7$, dazu addiert ihr 0,2 mal den Rest, also bei

Rest $1 => 0{,}2$

Rest $2 => 0{,}4$

Rest $3 => 0{,}6$

Rest $4 => 0{,}8$

Im Beispiel addiert ihr zur 7 die 0,4 (Rest 2) und erhaltet 7,4

Alternativ könnt ihr auch rechnen:

37 • 2 : 10 = 74 : 10 = 7,4

Beispiele:

65 : 5 => rechnet 6 (Zehnerstelle) • 2 + 1 (5 auf der Einerstelle) = 13

40 : 5 => 4 (Zehnerstelle) • 2 = 8

88 : 5 => 8 (Zehnerstelle) • 2 + 1 (5 auf der Einerstelle) + 0,6 (Rest 3 • 0,2) = 17,6

Aufgaben Division durch 5:

1:	63 : 5	2:	80 : 5	3:	40 : 5
4:	72 : 5	5:	30 : 5	6:	31 : 5
7:	65 : 5	8:	75 : 5	9:	13 : 5
10:	88 : 5	11:	85 : 5	12:	60 : 5
13:	5 : 5	14:	90 : 5	15:	20 : 5
16:	29 : 5	17:	81 : 5	18:	45 : 5
19:	18 : 5	20:	77 : 5	21:	54 : 5
22:	55 : 5	23:	15 : 5	24:	58 : 5
25:	22 : 5	26:	10 : 5	27:	25 : 5
28:	96 : 5	29:	91 : 5	30:	50 : 5
31:	35 : 5	32:	95 : 5	33:	47 : 5
34:	70 : 5	35:	44 : 5	36:	66 : 5

Lösungen Division durch 5:

1:	12,6	2:	16	3:	8
4:	14,4	5:	6	6:	6,2
7:	13	8:	15	9:	2,6
10:	17,6	11:	17	12:	12
13:	1	14:	18	15:	4
16:	5,8	17:	16,2	18:	9
19:	3,6	20:	15,4	21:	10,8

22: 11	*23:* 3	*24:* 11,6
25: 4,4	*26:* 2	*27:* 5
28: 19,2	*29:* 18,2	*30:* 10
31: 7	*32:* 19	*33:* 9,4
34: 14	*35:* 8,8	*36:* 13,2

2.2 Punkt vor Strich und Klammern

Punkt vor Strich bedeutet, dass Multiplikation und Division vor Addition oder Subtraktion ausgeführt werden:

$2 + 3 \cdot 4 = 2 + 12 = 14$ (und nicht 20, wie bei sequentieller Verarbeitung der Operatoren)

Durch Klammerung kann diese Regel aufgehoben werden:

$(2 + 3) \cdot 4 = 5 \cdot 4 = 20$

D.h. es wird zuerst der Ausdruck in der Klammer berechnet und anschließend multipliziert.

Beim Kopfrechnen werdet ihr den umgekehrten Weg gehen, um Berechnungen zu vereinfachen:

Statt $37 \cdot 4$, rechnet ihr $(30 + 7) \cdot 4$. Dadurch müsst ihr bei der Multiplikation nur einstellige Zahlen verwenden (die Null bei der 30 zählt nicht): $30 \cdot 4 + 7 \cdot 4 = 120 + 28 = 148$.

Die Punkt-vor-Strich Regelung ist vor allem für komplexe Rechenausdrücke mit mehreren Operanden und Operatoren wichtig, wenn ihr dort vereinfachen wollt.

Beispiel: $6 + 4 \cdot 2 + 9 - 12 : 2$

Ihr berechnet zuerst die Multiplikation $4 \cdot 2 = 8$ und die Division $12 : 2 = 6$:

$6 + 8 + 9 - 6$

Die erste und letzte Zahl könnt ihr jetzt zu Null zusammenfassen (6 − 6 = 0) und müsst nur noch 8 + 9 = 17 berechnen.

Aufgaben Punkt vor Strich:
Seid flexibel! Teilweise müsst ihr die Reihenfolge der Rechenschritte ändern, wenn ihr nicht mit negativen Zahlen rechnen wollt.

1:	$4 \cdot 4 + 16 - 80 : 10$	2:	$9 - 6 : 2 + 4 \cdot 6$
3:	$10 : 5 - 13 + 6 \cdot 7$	4:	$5 - 27 : 9 + 9 \cdot 2$
5:	$8 - 56 : 8 + 4 \cdot 8$	6:	$7 \cdot 9 + 4 - 24 : 6$
7:	$15 : 5 + 6 \cdot 5 - 14$	8:	$8 \cdot 3 + 63 : 7 - 17$
9:	$10 + 7 \cdot 3 - 32 : 4$	10:	$8 - 15 : 3 + 10 \cdot 10$
11:	$4 \cdot 7 + 19 - 28 : 4$	12:	$10 : 5 - 14 + 2 \cdot 8$
13:	$3 - 36 : 9 + 6 \cdot 4$	14:	$16 + 5 \cdot 2 - 90 : 9$
15:	$30 : 3 + 7 \cdot 4 - 15$	16:	$12 : 4 + 7 \cdot 7 - 11$
17:	$45 : 9 + 10 \cdot 3 - 16$	18:	$10 - 12 : 2 + 8 \cdot 6$
19:	$81 : 9 - 6 + 10 \cdot 6$	20:	$10 \cdot 10 + 35 : 7 - 9$

Lösungen Punkt vor Strich:

1:	24	2:	30
3:	31	4:	20
5:	33	6:	63
7:	19	8:	16
9:	23	10:	103
11:	40	12:	4
13:	23	14:	16
15:	23	16:	41
17:	19	18:	52
19:	63	20:	96

2.3 Sprachliche Besonderheiten

Im Deutschen gibt es eine Besonderheit bei der Benennung von Zahlen, die andere Sprachen (Englisch, Französisch, Spanisch, Italienisch) so nicht kennen.

Seht euch die Zahl 349 826 an. Im Englischen heißt die Zahl ausgesprochen threehundred forty nine thousand eighthundred twenty six. Ich habe absichtlich ein Leerzeichen nach jeder „Ziffer" gelassen, um das Lesen zu erleichtern.

Die Reihenfolge der ausgesprochenen Zahlen entspricht genau der Reihenfolge der Ziffern von links nach rechts.

Da ihr beim Kopfrechnen immer von links nach rechts vorgeht, könnt ihr im Englischen die Zahl bereits aussprechen, sobald ihr die entsprechende Stelle berechnet habt.

Das Gleiche gilt für französische, spanische und italienische Zahlen, auch wenn Französisch teils umständlich ist (quatre-vingt für achtzig). Eine Ausnahme bilden die Zahlen von 10 bis 19, die teilweise eigene Namen haben (eleven, twelve).

Der Deutsche spricht 349 826 jedoch: dreihundert **neun** und vierzigtausend achthundert **sechs** und zwanzig.

Das heißt, in jedem Tausenderblock sprecht und denkt ihr die Einerstelle **vor** der Zehnerstelle. Ihr müsst also immer zuerst auch die Einerstelle berechnen, bevor ihr die Zahl aussprechen könnt.

Wie geht ihr damit um?

1. Ihr ignoriert die sprachliche Besonderheit, rechnet von links nach rechts und sprecht die Zehner und Einer erst aus, wenn ihr sie vollständig berechnet habt.

2. Ihr fasst das als Vorteil der deutschen Sprache auf, denn in den meisten Fällen müsst ihr sowieso die Einerstelle berechnen, bevor die Zehnerstelle endgültig feststeht (wegen des Übertrages).

In meinen Rechenanweisungen und den Beispielen rechne ich von links nach rechts – einfach, um eine einheitliche Struktur zu zeigen und um euch nicht zusätzlich zu verwirren.

In den meisten Fällen könnt ihr jedoch die Einerstelle vor der Zehnerstelle berechnen. **Probiert es aus und entscheidet, was euch besser liegt.**

Ich selbst kann keine eindeutige Empfehlung geben. Bei manchen Aufgaben ziehe ich Berechnung der Einerstelle vor, bei anderen nicht.

2.4 Rechenstrategien

In diesem Kapitel habt ihr bereits verschiedene Rechenstrategien kennengelernt (Multiplikation / Division mit 5) und im Verlaufe des Buches werden es viele mehr. Eine „gute" Strategie für das Kopfrechnen muss

3. Einfach sein:
   Schließlich müsst ihr euch die Strategie merken und dann diese noch im Kopf durchführen.

4. Auf möglichst viele Rechnungen zutreffen:
   Wenn ihr das Kopfrechnen nicht allein als Gehirntraining anseht, werdet ihr euch nur die Strategien merken, die ihr häufiger anwendet. Das heißt, hier müsst ihr

selbst entscheiden, welche Strategien für euch wichtig sind.

Meist widersprechen sich diese beide Ziele. Zum Beispiel ist die Methode, um 35^2 zu berechnen, extrem einfach (siehe Kapitel 7.1). Ihr könnt sie aber nur auf Zahlen anwenden, die auf 5 enden.

Die Methode, um zweistellige Zahlen mit der gleichen Zehnerstelle zu multiplizieren (Kapitel 5.4), ist aufwändiger, kann aber für mehr Anwendungsfälle verwendet werden.

Sagen wir, ihr multipliziert sehr häufig zweistellige Zahlen, die die gleiche Zehnerstelle besitzen und auf 3 und 7 enden (z.B. 33 • 37). In diesem Fall nützt euch die Strategie für Quadrieren von Zahlen mit 5 nichts und die Methode aus Kapitel 5.4 (zweistellige Zahlen mit gleicher Zehnerstelle) ist auf Dauer zu umständlich.

Formuliert einfach eure eigene Strategie!

Die passt dann genau für den Anwendungsfall, den ihr benötigt, und ihr könnt sie dafür optimieren.

Für obiges Beispiel würdet ihr folgende Schritte formulieren:

		33 • 37	Beispiel gleiche Zehnerstelle mit 3 und 7 auf den Einerstellen
1		3 • 4 = 12	Multipliziere die Zehnerstelle mit Zehnerstelle + 1
2		1221	Hänge 21 an das Ergebnis

(Beweisführung siehe 16.1)

Wie ihr in Kapitel 7.1 sehen werdet, ist diese Strategie genauso einfach, wie das Quadrieren von Zahlen, die auf 5 enden. Wirklich rechnen müsst ihr nur im Schritt 1.

Allerdings funktioniert diese Methode ausschließlich für Zahlen mit gleicher Zehnerstelle, bei denen eine Einerstelle den Wert 3 und die andere den Wert 7 besitzt.

2.5 Seid ihr fit?

Falls ihr euch in den Basics unsicher fühlt, könnt ihr weiter üben mit Hilfe der Browser-App oder den Übungsblättern auf

https://rechnen.avko.de.

Wenn ihr euch sicher fühlt, lest entweder weiter über die Strategien, die das Kopfrechnen erleichtern (Kapitel 3 – 9), oder ihr sucht euch gleich eine Anwendung, die ihr gebrauchen könnt (Kapitel 10 bis 13). Dann könnt ihr euch auf die dafür benötigten Rechenfähigkeiten konzentrieren.

Für diejenigen, die so schnell wie möglich ihre neuen Fähigkeiten demonstrieren wollen, gibt es im Kapitel 14 eine Zusammenfassung der wichtigsten Rechentricks.

3. Addition

3.1 Addition ohne Übertrag

Ihr beherrscht das Addieren einzelner Zahlen. Übt es gegebenenfalls noch einmal (siehe Kapitel Kopfrechnen Basics), denn wir werden immer wieder darauf aufbauen.

Die ganze Kunst des Kopfrechnens besteht darin, komplizierte Rechnungen in einfache zu zerlegen.

Bei der Addition zweistelliger oder dreistelliger Zahlen addiert ihr jede Stelle einzeln und setzt das Ergebnis wieder zusammen. Im Gegensatz zum schriftlichen Addieren, wie ihr es vielleicht noch in der Schule gelernt habt, rechnet ihr im Kopf immer von links nach rechts.

Warum?

1. Zahlen werden von links nach rechts ausgesprochen – mit Ausnahme der Einerstelle: Eintausendzweihundert**vier**unddreißig = 123**4**. So behaltet ihr sie auch im Gedächtnis.

2. Die Ziffern auf der linken Seite haben eine größere Signifikanz als die weiter rechts. Das bedeutet, wenn ihr aus irgendeinem Grund die Berechnung unterbrecht, habt ihr trotzdem zumindest eine Vorstellung von der **Größenordnung** des Ergebnisses.

3. Sobald die am weitesten links stehende Zahl feststeht, könnt ihr sie bereits aussprechen, während ihr im Kopf noch weiter rechnet. Einerseits streicht ihr die ausgesprochene Zahl aus eurem Gedächtnis und konzentriert euch auf den Rest der Rechnung. Andererseits wirkt es für die Zuhörer so, als ob ihr das Ergebnis bereits ermittelt habt und es nur noch aussprechen müsst.

Die folgenden Beispiele zeigen das Rechnen Stelle für Stelle:

32 + 57	
30 + 50 = 80	Zehnerstellen addieren
2 + 7 = 9	Einerstellen addieren
80 + 9 = 89	Ergebnis zusammensetzen

123 + 754	
100 + 700 = 800	Hunderter addieren
20 + 50 = 70	Zehner addieren
3 + 4 = 7	Einer addieren
800 + 70 + 7 = 877	Ergebnis zusammensetzen

Beispiel aus dem Alltag:
Ein Krapfen kostet 1,20 €, eine Mohnschnecke 1,65 €. Wieviel Cent kosten beide zusammen?

120 + 165 = ?
100 + 100 = **200**
20 + 60 = **80**
0 + 5 = **5**
285 Cent = 2,85 €

Übungsaufgaben: Siehe nächstes Kapitel.

Exkurs Überträge
Was sind Überträge?

Bei der Addition: Die Summe zweier Zahlen übersteigt die nächste Zehnerstufe: $7 + 8 = 15$. Die Zehnerstelle der Summe besitzt einen um 1 höheren Wert als die einzelnen Summanden.

Bei der Subtraktion: Die Differenz zweier Zahlen fällt unter die aktuelle Zehnerstufe: $15 - 8 = 7$. Die Zehnerstelle der Differenz besitzt einen um 1 niedrigeren Wert als die des Minuenden.

Wo liegt das Problem?

Beim Kopfrechnen beginnt ihr von links nach rechts zu rechnen. Im Falle eines Übertrags ändert aber die Berechnung einer Zahl, die Stelle links davon:

$137 + 165 = ?$	
$100 + 100 = 200$	
$30 + 60 = 90$	Hier seid ihr im Kopf bei 290
$7 + 5 = 12$	Jetzt müsst ihr beide zuvor berechneten Stellen ändern auf 300
302	

Rechnen mit Überträgen erfordert etwas Übung und lässt sich teilweise vereinfachen (siehe nächster Abschnitt).

3.2 Addition mit Übertrag

Im Prinzip gibt es keinen Unterschied zum Addieren wie im Punkt 1 - wir müssen nur gegebenenfalls einen Übertrag berücksichtigen:

45 + 89 = ?	
40 + 80 = **120**	100 wird überschritten, Übertrag 20
5 + 9 = **14**	10 wird überschritten, Übertrag 4
134	

Ab dreistelligen Zahlen mit mehreren Überträgen könnt ihr die Übersicht über die notwendigen Rechenschritte verlieren.

Die folgenden Methoden versuchen, das Rechnen mit Überträgen zu erleichtern.

a) Aufrechnen und Subtrahieren

Wenn ein Summand nahe an einer Zehner- oder Hundertergrenze ist, rechnet ihr auf.

45 + 89	Zehner aufrechnen
45 + 90 = 135	- 1 merken
135 – 1 = 134	1 vom Ergebnis abziehen
Oder	
44 + 90 = 134	1 gleich von 45 abziehen

45 + 89	Hunderter aufrechnen
45 + 100 = 145	- 11 merken
145 – 11 = 134	11 vom Ergebnis abziehen

Oder	
34 + 100 = 134	11 gleich von 45 abziehen

Beispiel mit dreistelligen Zahlen:

345 + 689 = ?	Hunderter aufrechnen
345 + 700 = 1045	- 11 merken
1045 – 11 = 1034	11 vom Ergebnis abziehen
Oder	
334 + 700 = 1034	11 gleich von 345 abziehen

Ihr seht, um wie viel einfacher die Rechnung wird, wenn ihr auf 100 aufrechnet. Statt mit sechs Zahlen müsst ihr euch nur noch mit 4 beschäftigen (ihr ignoriert die Nullen). Die einzig „echte" Rechnung, die ihr durchführen müsst, ist die Addition der Hunderterstellen: 3 + 7 = 10 – und die Subtraktion.

Damit habt ihr die zwei Nachteile der Methode erkannt:

5. Sie lässt sich nur sinnvoll anwenden, wenn ein Summand nahe der Zehner oder Hundertergrenze ist

6. Ihr müsst anschließend subtrahieren statt addieren

Dieser Kniff ist effektiv, wenn ihr bei der Addition an jeder Stelle einen Übertrag habt (hier 5 + 9 (Einer), 4 + 8 (Zehner)) => dann müsst ihr bei der Subtraktion **nicht** mit Überträgen rechnen.

Lautet die Aufgabe 345 + 681, müsstet ihr 345 – 19 rechnen, d.h. ihr habt einen Übertrag bei der Subtraktion (5 – 9). In dem Fall finde ich die Standardrechnung einfacher: 45 + 81 = 126 und addiere die 900 aus 600 + 300 => 1026.

b) Vereinfachen auf 50

Nur bei bestimmten Zahlenkombinationen macht dieser Kniff einen Sinn. Bei einigen Rechnung „wissen" wir das Ergebnis sofort, ohne nachzudenken: Z.B. 250 + 750 = 1000, 150 + 150 = 300, 250 + 250 = 500, usw. Das nutzen wir aus, um Berechnungen zu vereinfachen:

257 + 768, rechnet 250 + 750 + 7 + 18, den ersten Teil „wissen" wir: 1000; d.h. wir rechnen nur noch 7 + 18 = 25 => 1025

c) multiples Aufrechnen und Subtraktion

Es handelt sich um eine Sonderform von a), die ihr beim Einkaufen üben könnt.

Beispiel: Ihr kauft 5 Artikel zu folgenden Preisen: 1,29 €, 1,99 €, 0,89 €, 3,59 € und 1,49 €. Die Summe rechnet ihr aus 1,30 € + 2 € + 0,90 € + 3,60 € + 1,50 € Dabei könnt ihr die Rechnung durch geschicktes Gruppieren vereinfachen: 3,60 + 1,50 => 5,10 + 0,90 => 6 + 2 => 8 + 1,30 => 9,30. Von der Gesamtsumme zieht ihr dann die 5 • 0,01 € = 0,05 € ab, die ihr vorher aufgerechnet habt => das heißt, die Kasse sollte euch 9,25 € berechnen.

Ihr seht, dass es verschiedene Lösungsstrategien für eine Aufgabe gibt. Dies wird sich in den folgenden Kapiteln fortsetzen.

Wie könnt ihr schnell entscheiden, welche Strategie die günstigste ist?

Ihr müsst jede Lösungsstrategie üben. Deshalb habe ich die Übungsaufgaben entsprechend sortiert. Unser Gehirn eignet sich hervorragend für die Mustererkennung. Wenn ihr genügend übt, wird es automatisch die beste Strategie verwenden.

Die Aufgaben habe ich per Programm generieren lassen (siehe Übungsblätter auf rechnen.avko.de). Für bestimmte Zahlenkombination kann deshalb auch eine andere Strategie effektiver sein.

Seht euch zum Beispiel die Aufgaben 2 und 6 in dem folgenden Aufgabenblock an. Die würde ich instinktiv nicht mit Aufrechnen lösen. Warum? (Antwort siehe Lösungen)

Aufgaben Addition mit Aufrechnen 2 Stellen:

   1: 18 + 63   2: 38 + 75   3: 33 + 29

   4: 11 + 19   5: 59 + 97   6: 84 + 28

   7: 49 + 99   8: 56 + 98   9: 18 + 16

10: 81 + 89   11: 61 + 39   12: 68 + 25

13: 48 + 36   14: 53 + 39   15: 25 + 78

Aufgaben Addition mit Aufrechnen 3 Stellen:

   1: 488 + 433   2: 493 + 714   3: 393 + 896

   4: 895 + 744   5: 199 + 353   6: 114 + 899

   7: 182 + 297   8: 558 + 598   9: 197 + 132

10: 137 + 989 11: 454 + 299 12: 785 + 735

13: 385 + 176 14: 672 + 486 15: 812 + 286

Aufgaben Addition mit Vereinfachen auf 50:

   1: 454 + 458   2: 558 + 557   3: 751 + 752

   4: 754 + 249   5: 662 + 664   6: 449 + 453

   7: 549 + 551   8: 758 + 260   9: 658 + 663

10: 650 + 653 11: 455 + 457 12: 651 + 648

13: 357 + 352 14: 259 + 256 15: 459 + 460

Aufgaben Addition 2 Stellen:

1: 19 + 45   2: 82 + 52   3: 10 + 28

4: 81 + 37   5: 40 + 89   6: 12 + 78

7: 10 + 48   8: 96 + 85   9: 85 + 69

10: 81 + 17   11: 39 + 56   12: 64 + 44

13: 66 + 19   14: 73 + 89   15: 48 + 98

Aufgaben Addition 3 Stellen:

1: 269 + 785   2: 249 + 835   3: 569 + 424

4: 598 + 828   5: 192 + 987   6: 949 + 969

7: 171 + 297   8: 375 + 601   9: 675 + 826

10: 884 + 417   11: 915 + 867   12: 612 + 721

13: 405 + 872   14: 713 + 227   15: 825 + 741

Antwort auf die Frage nach der Lösungsstrategie für die Aufgaben 2 und 6: Hier ergänzen sich die Zehnerstellen jeweils zu Hundert (30 + 70) und ihr müsst nur die Einerstellen addieren. Wenn ihr z.B. die 38 zu 40 aufrechnet, müsstet ihr bei den Zehnerstellen noch einmal einen Übertrag berechnen (40 + 70).

Lösungen Addition mit Aufrechnen 2 Stellen:

1: 81   2: 113   3: 62

4: 30   5: 156   6: 112

7: 148   8: 154   9: 34

10: 170   11: 100   12: 93

13: 84   14: 92   15: 103

Lösungen Addition mit Aufrechnen 3 Stellen:

1: 921   2: 1207   3: 1289

4: 1639   5: 552   6: 1013

7: 479   8: 1156   9: 329

10: 1126   11: 753   12: 1520

13: 561   14: 1158   15: 1098

Lösungen Addition mit Vereinfachen auf 50:

1: 912   2: 1115   3: 1503
4: 1003   5: 1326   6: 902
7: 1100   8: 1018   9: 1321
10: 1303   11: 912   12: 1299
13: 709   14: 515   15: 919

Lösungen Addition 2 Stellen:

1: 64   2: 134   3: 38
4: 118   5: 129   6: 90
7: 58   8: 181   9: 154
10: 98   11: 95   12: 108
13: 85   14: 162   15: 146

Lösungen Addition 3 Stellen:

1: 1054   2: 1084   3: 993
4: 1426   5: 1179   6: 1918
7: 468   8: 976   9: 1501
10: 1301   11: 1782   12: 1333
13: 1277   14: 940   15: 1566

3.3 Addition großer Zahlen (6 Stellen)

Bei dem Rechnen mit großen Zahlen passiert es leicht, dass ihr den Überblick verliert.

Deshalb teilt ihr die Ziffern in Dreier-Blöcke auf – analog der Darstellung mit Tausenderpunkten.

Ihr rechnet wieder von links nach rechts jeweils blockweise. Sobald ihr einen Block berechnet habt, könnt ihr das Ergebnis aussprechen – und aus eurem Gedächtnis löschen. Danach macht ihr mit dem nächsten Block weiter.

Das Problem dabei: die Überträge. Ihr könnt einen Block erst sicher abschließen, wenn ihr wisst, ob der nachfolgende Block „überläuft" oder nicht. Dazu addiert ihr die jeweils erste Ziffer des Folgeblocks. Ist das Ergebnis größer 9, gibt es einen Überlauf und ihr müsst 1 zum aktuellen Block dazuzählen. Bei einer Summe kleiner 9 könnt ihr den Folgeblock erst einmal ignorieren. Nur wenn die Summe genau 9 ergibt, müsst ihr weiterrechnen.

Am besten seht ihr die Vorgehensweise an einem Beispiel:

559 826 + 783 177

	Blöcke ansehen und auf Überlauf prüfen
559 + 783 826 + 177	5 + 7 =12 => **Überlauf** 8 + 1 = **9** => Weiterrechnen 2 + 7 = **9** => Weiterrechnen 6 + 7 = 13 => **Überlauf**
559 + 783	1. Block berechnen
5 + 7 = 12	D.h. dieser Block läuft über. Ihr sprecht die 1 des davorliegenden Blocks aus, weil sich daran nichts mehr ändern kann: *1 Million*
Rest 2 = 200	200 merken
59 + 83 = 142	Rest des Blocks addieren
200 + 142 = **342** **342 + 1** = 343	Ihr addiert 1 zum Ergebnis, weil ihr ermittelt habt, dass der folgende Block überläuft. Ihr könnt weitersprechen: *343 Tausend*

826 + 177	2. Block berechnen
1 003	Das habt ihr schon im ersten Schritt ermittelt. Die 1 von den Tausend habt ihr zum vorigen Block hinzugefügt. Die 9er sind durch den Überlauf auf der letzten Stelle zur Null geworden. Ihr schließt ab mit: *und 3*
Ergebnis	1 343 003

Das sieht kompliziert aus, benötigt aber nur etwas Übung. Hier ein einfacheres Beispiel:

271 375 + 397 448

	Blöcke ansehen
271 + 397 375 + 448	2 + 3 = 5 => kein Überlauf 3 + 4 = 7 => kein Überlauf
271 + 397	1. Block berechnen
271 + 400 – 3 = 668	Ihr könnt natürlich die gelernten Vereinfachungstechniken bei der Addition verwenden (hier Aufrechnen). Da der Folgeblock nicht überläuft, könnt ihr direkt aussprechen: *668 Tausend*
375 + 448	2. Block berechnen
375 + 450 – 2 = 825 – 2 = 823	Auch hier erleichtert Aufrechnen die Arbeit. Ihr beendet mit: *823*
Ergebnis	668 823

Bei den folgenden Übungsaufgaben habe ich bei den ersten 16 ein Leerzeichen zur Bildung der Tausenderblöcke eingefügt. Ab Aufgabe 17 solltet ihr versuchen die Blöcke in den Zahlen ohne Formatierungshilfe zu finden

1: 952 562 + 886 923   2: 689 036 + 751 626

3: 388 986 + 809 749   4: 597 989 + 687 959

5: 255 528 + 30 386   6: 830 313 + 911 789

7: 28 181 + 638 768   8: 945 816 + 62 168

9: 778 646 + 306 113   10: 605 089 + 353 784

11: 661 081 + 996 351   12: 566 745 + 755 335

13: 28 772 + 976 320   14: 349 905 + 939 189

15: 741 097 + 748 196   16: 412 196 + 24 442

17: 514703 + 540305   18: 816314 + 376127

19: 149427 + 403835   20: 31688 + 880537

21: 516476 + 266053   22: 636251 + 791086

23: 331815 + 154479   24: 485113 + 382808

25: 67748 + 274325   26: 169380 + 422350

Lösungen Addition großer Zahlen (6 Stellen)

1: 1839485   2: 1440662

3: 1198735   4: 1285948

5: 285914   6: 1742102

7: 666949   8: 1007984

9: 1084759   10: 958873

11: 1657432   12: 1322080

13: 1005092   14: 1289094

15: 1489293   16: 436638

17: 1055008   18: 1192441

19: 553262   20: 912225

21: 782529   22: 1427337

23: 486294   24: 867921

25: 342073   26: 591730

4. Subtraktion

4.1 Subtraktion ohne Übertrag

Begriffsklärung: Subtraktion = Minuend – Subtrahend.

Minuend: Zahl, die verringert wird (1. Zahl)

Subtrahend: Zahl, die vom Minuend abgezogen wird (2. Zahl)

Wenn der Wert auf jeder einzelnen Stelle des Minuenden immer größer oder gleich der entsprechenden Stelle des Subtrahenden ist, zieht ihr die jeweiligen Werte voneinander ab:

456 – 123	
400 – 100 = **300**	Hunderter subtrahieren
50 – 20 = **30**	Zehner subtrahieren
6 – 3 = **3**	Einer subtrahieren
300 + 30 + 3 = **333**	Ergebnisse addieren

Beispiel:

Ein Jahr hat 365 Tage (kein Schaltjahr), Wieviele Tage bleiben noch am Morgen des 1. Februars:

365 – 31, **300** bleiben unverändert, 60 – 30 = **30**, 5 – 1 = **4** => 334 Tage

Übungsaufgaben: Siehe nächstes Kapitel. Dort findet ihr Aufgaben zur Subtraktion.

4.2 Differenz zur nächsten Zehnerpotenz

Mit dem folgenden Kniff könnt ihr sehr einfach eine Zahl von der nächsthöheren Zehnerpotenz subtrahieren (beziehungsweise den Betrag ermitteln, der zur nächsten Zehnerpotenz fehlt → z.B. für die Addition mittels Aufrechnen).

Beispiel: 1000 − 347

1000 - 347	Betrachtet nur die 347
3 + **6** = 9	Addiert zu jeder Ziffer den fehlenden Betrag, um die 9 zu erreichen
4 + **5** = 9	
7 + **3** = 10	Erst bei der letzten Ziffer (oder wenn danach nur noch Nullen folgen) addiert ihr den fehlenden Betrag zur 10
653	Ergebnis

Beispiel: 10000 − 5680

10000 - 5680	Betrachtet nur die 5680
5 + **4** = 9	Addiert zu jeder Ziffer den fehlenden Betrag, um die 9 zu erreichen
6 + **3** = 9	
8 + **2** = 10	Erst bei der letzten Ziffer (**oder wenn danach nur noch Nullen folgen**) addiert ihr den fehlenden Betrag zur 10
4320	Ergebnis (die übrige 0 hängt ihr einfach daran)

4.3 Subtraktion mit Übertrag

Eine Subtraktion ist nicht ganz so einfach wie eine Addition:

- wenn der Subtrahend größer als der Minuend ist, geht das Ergebnis in die negativen Zahlen: 2 − 5 = -3.
- die Subtraktion ist nicht kommutativ. Minuend und Subtrahend können nicht vertauscht werden: 5 − 2 = 3 hat ein anderes Ergebnis als 2 − 5 = -3 (die Ergebnisse unterscheiden sich im Vorzeichen, d.h. das Vertauschen von Minuend und Subtrahend entspricht der Multiplikation mit -1). Ihr müsst die Subtraktion in eine Addition mit negativen Zahlen umwandeln, wenn ihr das Kommutativgesetz nutzen wollt:

5 + (-2) = -2 + 5

Ihr rechnet wieder jede Stelle einzeln, berücksichtigt dabei aber die Überträge:

234 − 178	
200 − 100 = 100	Hunderter subtrahieren
30 − 70 = -40	Negative Zahl => Übertrag
100 − 40 = 60	Übertrag berechnen
4 − 8 = -4	Negative Zahl => Übertrag
60 − 4 = **56**	Ergebnis

In diesem Fall müssen wir zweimal eine zuvor errechnete Zahl korrigieren.

Das geht einfacher:

234 − 178	Aufrechenmethode
178 + **2** = 180	2 merken
180 + **20** = 200	20 + 2 = 22 merken
200 + **34** = 234	22 + 34 merken
22 + 34 = **56**	Ergebnis

Auf diese Weise wandelt ihr eine Subtraktion in eine Addition.

Kniff: Vereinfachen des Subtrahenden:

Wenn der Subtrahend nahe einer Hundertergrenze ist, könnt ihr die Rechnung vereinfachen: 421 – 193 => vereinfacht 193 auf 200 und rechnet 421 – 200 = 221; addiert dann die 7, die ihr für die Vereinfachung zuviel abgezogen habt 221 + 7 = 228.

Aufgaben Subtraktion mit Vereinfachen 2 Stellen:

1: 96 - 37	2: 84 - 67	3: 67 - 18
4: 94 - 39	5: 78 - 38	6: 53 - 37
7: 94 - 87	8: 55 - 27	9: 97 - 17
10: 74 - 69	11: 27 - 19	12: 83 - 58

Aufgaben Subtraktion mit Vereinfachen 3 Stellen:

1: 626 - 486	2: 405 - 287	3: 481 - 291
4: 857 - 699	5: 603 - 393	6: 847 - 788
7: 904 - 796	8: 853 - 799	9: 741 - 585
10: 616 - 199	11: 832 - 398	12: 766 - 590

Aufgaben Subtraktion 2 Stellen:

1: 93 - 55	2: 85 - 79	3: 28 - 22
4: 38 - 26	5: 75 - 27	6: 93 - 82
7: 78 - 54	8: 78 - 20	9: 52 - 21
10: 78 - 42	11: 70 - 15	12: 86 - 61

Aufgaben Subtraktion 3 Stellen:

1: 953 - 852	2: 692 - 386	3: 284 - 225
4: 512 - 499	5: 395 - 384	6: 748 - 189

7: 913 - 911   8: 836 - 589   9: 846 - 407
10: 572 - 529   11: 295 - 166   12: 973 - 944

Lösungen:

Lösungen Subtraktion mit Vereinfachen 2 Stellen:

1: 59   2: 17   3: 49
4: 55   5: 40   6: 16
7: 7   8: 28   9: 80
10: 5   11: 8   12: 25

Lösungen Subtraktion mit Vereinfachen 3 Stellen:

1: 140   2: 118   3: 190
4: 158   5: 210   6: 59
7: 108   8: 54   9: 156
10: 417   11: 434   12: 176

Lösungen Subtraktion 2 Stellen:

1: 38   2: 6   3: 6
4: 12   5: 48   6: 11
7: 24   8: 58   9: 31
10: 36   11: 55   12: 25

Lösungen Subtraktion 3 Stellen:

1: 101   2: 306   3: 59
4: 13   5: 11   6: 559
7: 2   8: 247   9: 439
10: 43   11: 129   12: 29

Weitere Übungsaufgaben und eine Browser-App zum Üben findet ihr auf https://rechnen.avko.de.

5. Multiplikation

Im einfachsten Fall fasst die Multiplikation mehrere gleiche Additionen zusammen: $2 + 2 + 2 + 2 + 2$ entspricht $5 \cdot 2$. In unserer Schulzeit haben wir das kleine Einmaleins gelernt. Deshalb wissen wir, dass $6 \cdot 7$ gleich 42 ist, wir müssen nicht mühsam $7 + 7 + 7 + 7 + 7 + 7$ aufaddieren.

Bestimmte Multiplikationen fallen uns besonders leicht:

$x \cdot 2$ => entspricht $x + x$, d.h. wir addieren einfach

$x \cdot 10$ => wir hängen eine Null an x, bzw. verschieben das Dezimalkomma um eine Stelle nach rechts.

$x \cdot 5$ => hier können wir mit 10 multiplizieren und dann den Wert halbieren.

5.1 Standardverfahren (Addition)

Multiplikationen können kompliziert werden, deshalb lohnen sich Strategien, um die Berechnung zu vereinfachen.

Beispiel: $28 \cdot 37$ => wir berechnen jede Stelle einzeln (wenn ihr gut seid, könnt ihr ggf. auch in einem Schritt rechnen):

$28 \cdot 37$	Aufteilen auf $(20 + 8) \cdot (30 + 7)$
$20 \cdot 30 = \mathbf{600}$	
$20 \cdot 7 = \mathbf{140}$	Alternativ $20 \cdot 37 = \mathbf{740}$
$8 \cdot 30 = \mathbf{240}$	
$8 \cdot 7 = \mathbf{56}$	Alternativ $10 \cdot 37 - 2 \cdot 37 = 370 - 74 = \mathbf{296}$
$600 + 140 + 240 + 56 = \mathbf{1036}$	$740 + 296 = 1036$ $(740 + 300 - 4)$

Seht euch beide Spalten genau an. In der linken multipliziert ihr jede Stelle einzeln und verwendet dabei eure Kenntnisse des Einmaleins.

Die Rechnungen auf der rechten Spalte enthalten ebenfalls nur Basics (Kapitel 2): Multiplikationen mit 2 und 10. Mit etwas Übung kommt ihr damit schneller zum Ergebnis. Allerdings funktioniert das nur bei entsprechender Zahlenkombination.

Aufgaben Multiplikation allgemein:

1: 76 • 83	2: 71 • 50	3: 54 • 87
4: 19 • 13	5: 77 • 46	6: 84 • 25
7: 63 • 17	8: 99 • 99	9: 66 • 63
10: 91 • 14	11: 78 • 34	12: 82 • 40
13: 96 • 29	14: 56 • 69	15: 66 • 68
16: 67 • 67	17: 87 • 59	18: 22 • 24
19: 90 • 28	20: 26 • 42	21: 98 • 28
22: 56 • 54	23: 30 • 60	24: 94 • 63
25: 72 • 59	26: 11 • 62	27: 51 • 98
28: 37 • 87	29: 83 • 89	30: 63 • 27

Lösungen Multiplikation allgemein:

1: 6308	2: 3550	3: 4698
4: 247	5: 3542	6: 2100
7: 1071	8: 9801	9: 4158
10: 1274	11: 2652	12: 3280
13: 2784	14: 3864	15: 4488
16: 4489	17: 5133	18: 528
19: 2520	20: 1092	21: 2744
22: 3024	23: 1800	24: 5922
25: 4248	26: 682	27: 4998
28: 3219	29: 7387	30: 1701

5.2 Faktoren umgruppieren

Multiplikationen sind kommutativ. Das heißt ihr könnt Multiplikator (1. Zahl) und Multiplikand (2. Zahl) vertauschen. Das macht ihr euch zunutze, indem ihr die zu multiplizierenden Zahlen in kleinere Faktoren zerlegt und in einer anderen Reihenfolge multipliziert.

Beispiel: Die Rechnung $28 \cdot 14$ könnt ihr in weitere Faktoren zerlegen:

- wenn ihr die Quadratzahlen bis 20 auswendig kennt (siehe Kapitel Quadratzahlen), dann zerlegt ihr in $2 \cdot 14 \cdot 14$ => ihr „wisst", dass $14 \cdot 14 = 196$ ergibt, d.h. ihr müsst nur noch $196 \cdot 2 = (200 - 4) \cdot 2 = 400 - 8 = 392$ rechnen.

Oder

$28 \cdot 14$	Zerlegen in $7 \cdot 4 \cdot 7 \cdot 2$
$49 \cdot 8$	Umgruppiert $(7 \cdot 7) \cdot (4 \cdot 2)$
$(50 - 1) \cdot 8$	Aufrechnen
$400 - 8 = \mathbf{396}$	Ausmultipliziert und subtrahiert

Aus meiner Sicht lohnt sich die Anwendung der Faktorenzerlegung nur, wenn euch sofort eine günstige Neukombination der Faktoren ins Auge springt. Zum Beispiel könnt ihr 2 und 5 immer zu 10 kombinieren und damit die Rechnung wesentlich vereinfachen.

$35 \cdot 16$	Zerlegen in $7 \cdot 5 \cdot 8 \cdot 2$
$10 \cdot 56$	Umgruppiert $(5 \cdot 2) \cdot (7 \cdot 8)$
$10 \cdot 56 = 560$	

Allerdings ist folgende Vorgehensweise einfacher im Kopf zu rechnen:

35 • 16	16 aufteilen in 2 • 8
2 • 35 = 70	Die 35 mit 2 multiplizieren
8 • 70 = 560	Rechne 7 • 8 • 10

Diese Methode ist nur sinnvoll bei niedrigen zweistelligen Zahlen. Bei z.B. 85 • 32 formt ihr um in 170 • 16 und steht vor dem Problem 170 • 16 zu multiplizieren.

In diesem Fall könntet ihr die 32 auch in 8 • 4 zerlegen:

85 • 32	32 aufteilen in 8 • 4
8 • 85 = 680	8 • 80 + 8 • 5 = 640 + 40
4 • 680 = **2720**	4 • 600 + 4 • 80 = 2400 + 320

Probiert aus, in welchen Fällen euch die Faktorzerlegung geeignet erscheint, um Kopfrechnungen zu vereinfachen.

Aufgaben Multiplikation mit Faktorumgruppierung:

1: 15 • 14   2: 34 • 65   3: 36 • 25
4: 55 • 6   5: 35 • 28   6: 12 • 45
7: 85 • 22   8: 26 • 75   9: 8 • 15
10: 18 • 65   11: 16 • 25   12: 55 • 32
13: 24 • 35   14: 45 • 14   15: 85 • 34
16: 36 • 75   17: 15 • 6   18: 65 • 28
19: 12 • 25   20: 55 • 22   21: 35 • 26
22: 45 • 8   23: 85 • 18   24: 75 • 16
25: 15 • 32   26: 65 • 24   27: 25 • 14
28: 34 • 55   29: 35 • 36   30: 6 • 45

Lösungen Multiplikation mit Faktorumgruppierung:

1: 210   2: 2210   3: 900
4: 330   5: 980   6: 540
7: 1870   8: 1950   9: 120

10: 1170   11: 400   12: 1760
13: 840   14: 630   15: 2890
16: 2700   17: 90   18: 1820
19: 300   20: 1210   21: 910
22: 360   23: 1530   24: 1200
25: 480   26: 1560   27: 350
28: 1870   29: 1260   30: 270

5.3 Subtraktionsmethode

Wenn eine der Zahlen, die ihr multiplizieren wollt, auf 8 oder 9 endet, rechnet ihr oft schneller, wenn ihr auf die nächste Zehnerstelle aufrechnet:

49 • 67	(50 − 1) • 67
50 • 67 = 3350	6700 : 2 oder 3000 + 350
3350 − 67 = 3283	3350 − 70 + 3 = 3283

Noch ein Beispiel mit 8:

28 • 37	(30 − 2) • 37
30 • 37 = 1110	30 • 30 + 7 • 30 = 900 + 210
2 • 37 = 74	
1110 − 74 = 1036	1110 − 100 + 26 = 1036

Aufgaben Multiplikation Subtraktionsmethode:

1: 88 • 13   2: 49 • 75   3: 75 • 98
4: 54 • 29   5: 19 • 40   6: 36 • 18
7: 37 • 89   8: 38 • 91   9: 42 • 79
10: 28 • 96   11: 78 • 70   12: 69 • 86
13: 33 • 68   14: 33 • 39   15: 17 • 48
16: 58 • 93   17: 66 • 59   18: 37 • 99
19: 88 • 37   20: 49 • 96   21: 98 • 56

22: 37 • 29   23: 19 • 97   24: 18 • 10
25: 89 • 27   26: 51 • 38   27: 79 • 56
28: 20 • 28   29: 78 • 85   30: 69 • 16

Lösungen Multiplikation Subtraktionsmethode:

1: 1144	2: 3675	3: 7350
4: 1566	5: 760	6: 648
7: 3293	8: 3458	9: 3318
10: 2688	11: 5460	12: 5934
13: 2244	14: 1287	15: 816
16: 5394	17: 3894	18: 3663
19: 3256	20: 4704	21: 5488
22: 1073	23: 1843	24: 180
25: 2403	26: 1938	27: 4424
28: 560	29: 6630	30: 1104

5.4 Vereinfachen auf gleiche Zehnerstelle

Wenn Multiplikand und Multiplikator maximal um eins in der Zehnerstelle auseinanderliegen, könnt ihr die Berechnung weiter vereinfachen:

1	28 • 37	Vereinfachen auf (30 − 2) • (30 + 7)
2	30 • 30 = 900	Weiter rechnen: -2 + 7 = +5
3	30 • 5 = 150	
4	900 + 150 = 1050	Weiter rechnen: -2 • 7 = -14
5	1050 − 14 = 1036	

Erläuterung: Wenn ihr $(30 - 2) \cdot (30 + 7)$ ausmultipliziert erhaltet ihr:

$30 \cdot 30$	(Zeile 2)
$+ 30 \cdot 7 - 30 \cdot 2$	**(Zeile 3)**
$- 2 \cdot 7$	(Zeile 4)

In der Zeile drei könnt ihr die 30 ausklammern und zusammenfassen:

$$30 \cdot (7 - 2) = 30 \cdot 5$$

In dem Spezialfall, dass sich die Einerstellen beider Zahlen zu 10 ergänzen, lässt die Berechnung weiter vereinfachen:

$37 \cdot 43$	Entspricht $(40 - 3) \cdot (40 + 3)$
$40 \cdot 40 = 1600$	Multipliziert den größeren Zehnerwert mit sich selbst
	Rechnung aus Zeile 3 (siehe oben entfällt, da -3 + 3 = 0)
$3 \cdot 3 = 9$	Multipliziert die Einerstellen
$1600 - 9 =$ **1591**	Subtrahiert das Produkt der Einerstellen (weil ihr eigentlich -3 $\cdot$ 3 = -9 rechnen müsstet)

Um euch vollständig zu verwirren, noch der Spezialfall des Spezialfalles: Multiplikand und Multiplikator enden auf 5:

$35 \cdot 45$	Entspricht $(40 - 5) \cdot (40 + 5)$
$4 \cdot 4 = 16$	Multipliziert die größere Zehnerstelle mit sich selbst
$16 - 1 = $ **15**	Zieht 1 von dem Ergebnis ab
1575	Ihr erhaltet die Lösung, indem ihr **75** an diese Zahl hängt

(Beweisführung siehe 16.2)

Achtung: Das funktioniert nur, wenn sich Multiplikand und Multiplikator um 10 **unterscheiden**. Wenn ihr euch diesen Spezialfall nicht merken wollt, funktioniert die vorherige Strategie ebenfalls:

35 • 45	Entspricht (40 − 5) • (40 + 5)
40 • 40 = 1600	Multipliziert den größeren Zehnerwert mit sich selbst
5 • 5 = 25	Multipliziert die Einerstellen
1600 − 25 = **1575**	Subtrahiert das Produkt der Einerstellen (weil ihr eigentlich -5 • 5 = -25 rechnen müsstet)

Wenn beide Zahlen **dieselbe** Zehnerstelle besitzen, rechnet ihr nach folgendem Muster:

36 • 37	Addiert zuerst die Einerstelle: 6 + 7 = **13**. Wenn das Ergebnis größer 10 ist, dann rechnet ihr gleich **10** zu einer 30 hinzu und merkt euch nur den Übertrag (hier die **3**)
30 • 40 = 1200	Siehe Erläuterung oben 30 • (30 + 10)
3 • 30 = 90	3 aus dem Übertrag 6 + 7 = **13**
6 • 7 = 42	
1200 + 90 + 42 = 1332	

Noch ein Beispiel: Diesmal rechnet ihr auf die nächste Zehnerstelle auf. Das Prinzip bleibt genau das Gleiche:

38 • 39	$(40 - 2) • (40 - 1)$
40 • 40 = 1600	Weiter rechnen: -2 - 1 = -3
-3 • 40 = -120	Ihr müsst 120 **subtrahieren**: 1600 – 120 = 1480
-2 • -1 = 2	Da Minus • Minus = Plus werden die 2 **addiert**
1480 + 2 = 1482	

Spezialfall: die Einerstellen summieren sich zu 10

33 • 37	Summe der Einerstellen: 3 + 7 = 10. Analog zum obigen Beispiel addiert ihr 10 zu einem der Faktoren
30 • 40 = 1200	Siehe Erläuterung oben 30 • (30 + 10)
	Die Rechnung mit dem Übertrag entfällt, da dieser 0 ist.
3 • 7 = 21	
1200 + 21 = 1221	

(Siehe auch Beweisführung unter 16.1)

Auch hier gibt es einen Spezialfall für die 5 auf der Einerstelle. Da $35 • 35 = 35^2$, erläutere ich diesen im Kapitel 7.
Quadratzahlen.

Aufgaben Multiplikation „gleiche Zehnerstelle":
Achtung: Bei der kleineren Zahl rechnet ihr nicht mit der

Einerstelle, sondern **mit der Differenz zu 10**! (Dieser Fehler passiert mir immer wieder).

1: 51 • 49   2: 81 • 78   3: 52 • 45
4: 96 • 87   5: 54 • 52   6: 74 • 69
7: 34 • 22   8: 41 • 32   9: 64 • 62
10: 27 • 23   11: 69 • 52   12: 44 • 41
13: 49 • 45   14: 24 • 14   15: 82 • 81
16: 46 • 33   17: 53 • 43   18: 46 • 35
19: 89 • 77   20: 32 • 29   21: 26 • 14
22: 77 • 66   23: 61 • 51   24: 86 • 73
25: 24 • 22   26: 58 • 44   27: 63 • 53
28: 88 • 77   29: 44 • 43   30: 39 • 33

Lösungen Multiplikation „gleiche Zehnerstelle":

1: 2499   2: 6318   3: 2340
4: 8352   5: 2808   6: 5106
7: 748   8: 1312   9: 3968
10: 621   11: 3588   12: 1804
13: 2205   14: 336   15: 6642
16: 1518   17: 2279   18: 1610
19: 6853   20: 928   21: 364
22: 5082   23: 3111   24: 6278
25: 528   26: 2552   27: 3339
28: 6776   29: 1892   30: 1287

5.5 „Rechentrick" – Multiplikation mit 11

Die Multiplikation einer zweistelligen Zahl mit 11 ist einfach. Ihr multipliziert mit 10 und addiert die Zahl noch einmal dazu:

53 • 11	53 • (10 + 1)
530 + 53 = 583	

Aber es geht noch einfacher:
Schreibt die Zahlen untereinander:

$$530$$
$$\mathbf{53}$$
$$\overline{}$$
$$\mathbf{583}$$

Betrachtet die fettmarkierten Ziffern. Ihr könnt die Addition auf die Zahlen 5 und 3 beschränken. Das Ergebnis schiebt ihr in die Mitte.

Noch ein Beispiel: $36 \cdot 11 \Rightarrow 3 + 6 = \mathbf{9} \Rightarrow 3\mathbf{9}6$

Das funktioniert, solange die Summe beider Ziffern unter 10 bleibt. Was passiert, wenn die Summe zweistellig wird?

Beispiel: $87 \cdot 11$

$$870 \qquad 800 + \mathbf{70}$$
$$87 \qquad\quad 87$$
$$\overline{957} \qquad \overline{800 + \mathbf{157}}$$

Ihr addiert 8 und 7. Von dem Ergebnis (15) addiert ihr die 1 zur 8 und schiebt die Einerstelle in die Mitte => 957.

Der Vorteil dieser Methode liegt darin, dass ihr nur mit einstelligen Zahlen hantieren müsst. Damit seid ihr einen Ticken schneller und verrechnet euch nicht so leicht.

Aufgaben Multiplikation mit 11:

1: $57 \cdot 11$ 2: $93 \cdot 11$ 3: $55 \cdot 11$
4: $36 \cdot 11$ 5: $89 \cdot 11$ 6: $12 \cdot 11$

7: 67 • 11   8: 81 • 11   9: 63 • 11
10: 26 • 11   11: 21 • 11   12: 19 • 11
13: 97 • 11   14: 44 • 11   15: 92 • 11
16: 99 • 11   17: 34 • 11   18: 83 • 11
19: 15 • 11   20: 29 • 11   21: 84 • 11
22: 24 • 11   23: 86 • 11   24: 98 • 11
25: 88 • 11   26: 47 • 11   27: 17 • 11
28: 27 • 11   29: 51 • 11   30: 71 • 11

Lösungen Multiplikation mit 11:

1: 627   2: 1023   3: 605
4: 396   5: 979   6: 132
7: 737   8: 891   9: 693
10: 286   11: 231   12: 209
13: 1067 14: 484   15: 1012
16: 1089 17: 374   18: 913
19: 165   20: 319   21: 924
22: 264   23: 946   24: 1078
25: 968   26: 517   27: 187
28: 297   29: 561   30: 781

6. Division

Für das Kopfrechnen in diesem Buch bleibe ich bei maximal vierstelligen Zahlen als Dividend und maximal zweistelligen als Divisor. Wer größere Herausforderungen sucht, kann die hier gezeigten Lösungswege auf größere Zahlen anwenden und/oder sich in dem Literaturverzeichnis auf rechnen.avko.de nach weiterführenden Büchern umsehen.

6.1 Division mit einstelligen Zahlen

Eine zweistellige Zahl durch eine einstellige zu teilen, ist eine Erweiterung des Einmaleins, das ihr hoffentlich inzwischen im Schlaf beherrscht.

53 : 7	Ihr sucht die nächst kleinere Zahl, die durch 7 teilbar ist => 49 und ermittelt die Differenz als Rest
49 : 7 + 4 : 7	Ergebnis 7 Rest 4 oder $7\,^4/_7$

Bei dreistelligen Zahlen geht ihr analog vor:

537 : 7	Ignoriert die Einerstelle und sucht wieder die nächst kleinere Zahl zu 53 => 49 $\quad$ 490 : 7 = **70** (merken)
537 − 490 = 47	Sucht jetzt die nächst kleinere Zahl zu 47, die durch 7 teilbar ist => 42 und ermittelt die Differenz als Rest
70 + 6 + 5 : 7	Ergebnis 76 Rest 5 oder $76\,^5/_7$

Sobald das Ergebnis dreistellig wird, d.h. der Dividend ist größer als 100 • Divisor, ermittelt ihr zuerst die Hunterterstelle:

864 : 7	8 : 7 = 1 (= Hunderterstelle) => 100 merken 864 – 700 = 164.
164 : 7	Sucht jetzt die nächst kleinere Zahl zu 16, die durch 7 teilbar ist => 14. 140 : 7 = 20 (merken)
164 – 140 = 24	Nächst kleinere durch 7 teilbare Zahl: 21 Rest 3
100 + 20 + 3 + 3 : 7	Ergebnis 123 Rest 3 oder 123 $^3/_7$

Noch ein Beispiel:

864 : 3	8 : 3 = 2 (= Hunderterstelle) 864 – 600 (**200** • 3) = 264
264 : 3	Sucht jetzt die nächst kleinere Zahl zu 26, die durch 3 teilbar ist => 24. 240 : 3 = **80** (merken)
264 – 240 = 24	24 : 3 = **8**
200 + 80 + 8	Ergebnis 288

Wer zusätzlich den Bruch in Dezimalstellen umrechnen möchte, wird die folgende Tabelle nützlich finden (auf drei Stellen hinter dem Komma gerundet bzw. mit Überstrich als Kennzeichen für Periode):

$^1/_2$ = 0,5			
$^1/_3$ = $0,\overline{33}$	$^2/_3$ = $0,\overline{66}$		
$^1/_4$ = 0,25	$^2/_4$ = 0,5	$^3/_4$ = 0,75	
$^1/_5$ = 0,2	$^2/_5$ = 0,4	$^3/_5$ = 0,6	$^4/_5$ = 0,8
$^1/_6$ = $0,1\overline{66}$	$^2/_6$ = $0,\overline{33}$	$^3/_6$ = 0,5	$^4/_6$ = $0,\overline{66}$
$^5/_6$ = $0,8\overline{33}$			

$1/7 = 0{,}143$	$2/7 = 0{,}286$	$3/7 = 0{,}429$	$4/7 = 0{,}571$
$5/7 = 0{,}714$	$6/7 = 0{,}857$		
$1/8 = 0{,}125$	$2/8 = 0{,}25$	$3/8 = 0{,}375$	$4/8 = 0{,}5$
$5/8 = 0{,}625$	$6/8 = 0{,}75$	$7/8 = 0{,}875$	
$1/9 = 0{,}\overline{11}$	$2/9 = 0{,}\overline{22}$	$3/9 = 0{,}\overline{33}$	$4/9 = 0{,}\overline{44}$
$5/9 = 0{,}\overline{55}$	$6/9 = 0{,}\overline{66}$	$7/9 = 0{,}\overline{77}$	$8/9 = 0{,}\overline{88}$

Aufgaben Division durch einstellige Zahl (2 Stellen):

1: 67 : 4   2: 89 : 3   3: 28 : 7
4: 82 : 6   5: 66 : 8   6: 43 : 9
7: 77 : 3   8: 16 : 3   9: 58 : 5
10: 83 : 4   11: 47 : 8   12: 14 : 3
13: 54 : 8   14: 29 : 5   15: 27 : 6
16: 87 : 4   17: 96 : 7   18: 62 : 8
19: 71 : 6   20: 73 : 9   21: 25 : 9
22: 98 : 7   23: 75 : 6   24: 92 : 3
25: 15 : 5   26: 38 : 3   27: 57 : 9
28: 68 : 9   29: 17 : 9   30: 22 : 6

Aufgaben Division durch einstellige Zahl (3 Stellen):

1: 504 : 7   2: 902 : 5   3: 462 : 4
4: 293 : 7   5: 348 : 6   6: 206 : 6
7: 181 : 7   8: 795 : 7   9: 519 : 4
10: 916 : 4   11: 511 : 7   12: 249 : 5
13: 680 : 7   14: 248 : 4   15: 601 : 3
16: 677 : 8   17: 117 : 5   18: 974 : 5
19: 601 : 8   20: 509 : 8   21: 816 : 7
22: 512 : 7   23: 582 : 7   24: 189 : 4
25: 623 : 4   26: 856 : 7   27: 478 : 9
28: 448 : 4   29: 887 : 6   30: 554 : 8

Lösungen Division durch einstellige Zahl (2 Stellen):
(R=Rest, Ergebnis abgeschnitten bei 2 Nachkommstellen)

1: 16R3 (16,75)   2: 29R2 (29,66)   3: 4 (4)
4: 13R4 (13,66)   5: 8R2 (8,25)   6: 4R7 (4,77)
7: 25R2 (25,66)   8: 5R1 (5,33)   9: 11R3 (11,6)
10: 20R3 (20,75)   11: 5R7 (5,87)   12: 4R2 (4,66)
13: 6R6 (6,75)   14: 5R4 (5,8)   15: 4R3 (4,5)
16: 21R3 (21,75)   17: 13R5 (13,71)   18: 7R6 (7,75)
19: 11R5 (11,83)   20: 8R1 (8,11)   21: 2R7 (2,77)
22: 14 (14)   23: 12R3 (12,5)   24: 30R2 (30,66)
25: 3 (3)   26: 12R2 (12,66)   27: 6R3 (6,33)
28: 7R5 (7,55)   29: 1R8 (1,88)   30: 3R4 (3,66)

Lösungen Division durch einstellige Zahl (3 Stellen):
(R=Rest, Ergebnis abgeschnitten bei 2 Nachkommstellen)

1: 72 (72)   2: 180R2 (180,4)
3: 115R2 (115,5)   4: 41R6 (41,85)
5: 58 (58)   6: 34R2 (34,33)
7: 25R6 (25,85)   8: 113R4 (113,57)
9: 129R3 (129,75)   10: 229 (229)
11: 73 (73)   12: 49R4 (49,8)
13: 97R1 (97,14)   14: 62 (62)
15: 200R1 (200,33)   16: 84R5 (84,62)
17: 23R2 (23,4)   18: 194R4 (194,8)
19: 75R1 (75,12)   20: 63R5 (63,62)
21: 116R4 (116,57)   22: 73R1 (73,14)
23: 83R1 (83,14)   24: 47R1 (47,25)
25: 155R3 (155,75)   26: 122R2 (122,28)
27: 53R1 (53,11)   28: 112 (112)
29: 147R5 (147,83)   30: 69R2 (69,25)

6.2 Sonderfälle: Division durch 5 und 9

Um eine Zahl durch fünf zu teilen, dividiert ihr sie durch 10 und multipliziert mit 2 – oder umgekehrt. Wenn ihr zuerst durch 10 teilt, wird die Zahl kleiner, ihr müsst aber ggf. mit einer Kommazahl rechnen.

Probiert aus, was euch eher liegt.

864 : 5	864: 5
864 : 10 = 86,4	864 • 2 = 1728
86,4 • 2 = 172,8	1728 : 10 = 172,8

Bei der Division durch 10 müsst ihr nichts rechnen, sondern nur das Komma verschieben.

Aufgaben Division durch 5:

1: 91 : 5   2: 86 : 5   3: 54 : 5
4: 58 : 5   5: 42 : 5   6: 43 : 5
7: 62 : 5   8: 88 : 5   9: 38 : 5
10: 69 : 5   11: 49 : 5   12: 68 : 5
13: 77 : 5   14: 55 : 5   15: 36 : 5
16: 63 : 5   17: 32 : 5   18: 89 : 5
19: 85 : 5   20: 82 : 5   21: 39 : 5
22: 67 : 5   23: 79 : 5   24: 56 : 5
25: 31 : 5   26: 83 : 5   27: 74 : 5
28: 75 : 5   29: 53 : 5   30: 24 : 5

Lösungen Division durch 5: (R=Rest)

1: 18R1 (18,2)   2: 17R1 (17,2)   3: 10R4 (10,8)
4: 11R3 (11,6)   5: 8R2 (8,4)   6: 8R3 (8,6)
7: 12R2 (12,4)   8: 17R3 (17,6)   9: 7R3 (7,6)
10: 13R4 (13,8)   11: 9R4 (9,8)   12: 13R3 (13,6)
13: 15R2 (15,4)   14: 11 (11)   15: 7R1 (7,2)
16: 12R3 (12,6)   17: 6R2 (6,4)   18: 17R4 (17,8)
19: 17 (17)   20: 16R2 (16,4)   21: 7R4 (7,8)
22: 13R2 (13,4)   23: 15R4 (15,8)   24: 11R1 (11,2)
25: 6R1 (6,2)   26: 16R3 (16,6)   27: 14R4 (14,8)
28: 15 (15)   29: 10R3 (10,6)   30: 4R4 (4,8)

Die Division mit der 9 hat einige bemerkenswerte Eigenschaften.
Seht euch folgende Tabelle an (R steht als Abkürzung für Rest):

10 er		100 er		1000 er	
10 : 9	1 R 1	100 : 9	11 R 1	1000 : 9	111 R 1
20 : 9	2 R 2	200 : 9	22 R 2	2000 : 9	222 R 2
30 : 9	3 R 3	300 : 9	33 R 3	3000 : 9	333 R 3
...	...	...	...	...	...
80 : 9	8 R 8	800 : 9	88 R 8	8000 : 9	888 R 8
90 : 9	10	900 : 9	100	9000 : 9	1000

Daraus könnte man verschiedene Regeln ableiten, wie sich Zahlen auf „einfache" Weise durch 9 teilen lassen.

Ich habe verschiedene Regeln ausprobiert (siehe Kapitel 13.1.3 und 13.1.4), weiß aber nicht, ob ihr euch sie wirklich merken wollt. Wer gerne knobelt, darf versuchen, selbst Regeln herzuleiten. Vielleicht revolutioniert ihr die Division durch 9.

Ansonsten könnte noch folgende Regel hilfreich sein, denn sie erspart euch über das kleine Einmaleins mit der 9 zu gehen:

Um eine einstellige Zahl mit der 9 zu multiplizieren, zieht ihr von dieser Zahl 1 ab für die Zehnerstelle und ergänzt den Rest zur 9 für die Einerstelle:

8 · 9	
8 − 1 = 7	Zehnerstelle (70)
7 + 2 = 9	Einerstelle (2)
72	Ergebnis

D.h. Zehnerstelle und Einerstelle ergänzen sich jeweils zu 9 (18, 27, 36, 45,....)

Wenn ihr dann eine Zahl durch 9 teilt, seht ihr sehr schnell, welches das nächstniedrigere Vielfache von 9 ist:

56 : 9 =>

56 : 9	Die passende Einerstelle zur 5 ist die 4 (5 + 4 = 9)
54	Addiert 1 zur Zehnerstelle, um den Faktor für die Multiplikation zu ermitteln: 5 + 1 = **6** (9 • 6 = 54) Der Rest berechnet sich aus 56 – 54 = **2**
6 Rest 2	Ergebnis

Noch ein anderes Beispiel:

61 : 9	Die passende Einerstelle zur 6 ist die 3 (6 + 3 = 9) => 63
63	Addiert 1 zur Zehnerstelle, um den Faktor für die Multiplikation zu ermitteln: 6 + 1 = 7 (9 • 7 = 63)
63 > 61	Leider habt ihr nicht das nächst kleinere Vielfache, sondern das nächst größere gefunden. In diesem Fall zieht ihr 1 von dem ermittelten Faktor ab: 7 – 1 = **6**. Für den Rest zieht ihr die Differenz zum nächstgrößeren Vielfachen von 9 ab: 63 – 61 = 2 => 9 – 2 = **7**
6 Rest 7	Ergebnis

Zur Wiederholung: Statt „Rest 1" oder $\frac{1}{9}$ könnt ihr die Dezimaldarstellung der Brüche mit 9 verwenden. Diese ist ganz einfach:

$\frac{1}{9} = 0,\overline{11}$ $\frac{2}{9} = 0,\overline{22}$ $\frac{3}{9} = 0,\overline{33}$ $\frac{4}{9} = 0,\overline{44}$

$\frac{5}{9} = 0,\overline{55}$ $\frac{6}{9} = 0,\overline{66}$ $\frac{7}{9} = 0,\overline{77}$ $\frac{8}{9} = 0,\overline{88}$

Aufgaben Division durch 9:

1: 15 : 9   2: 43 : 9   3: 86 : 9
4: 51 : 9   5: 63 : 9   6: 28 : 9
7: 29 : 9   8: 12 : 9   9: 65 : 9
10: 48 : 9   11: 69 : 9   12: 77 : 9
13: 34 : 9   14: 99 : 9   15: 94 : 9
16: 87 : 9   17: 82 : 9   18: 96 : 9
19: 16 : 9   20: 27 : 9   21: 88 : 9
22: 89 : 9   23: 26 : 9   24: 61 : 9
25: 47 : 9   26: 73 : 9   27: 92 : 9
28: 11 : 9   29: 23 : 9   30: 75 : 9

Lösungen Division durch 9: (R=Rest, Ergebnis abgeschnitten bei 2 Nachkommstellen)

1: 1R6 (1,66)   2: 4R7 (4,77)   3: 9R5 (9,55)
4: 5R6 (5,66)   5: 7 (7)   6: 3R1 (3,11)
7: 3R2 (3,22)   8: 1R3 (1,33)   9: 7R2 (7,22)
10: 5R3 (5,33)   11: 7R6 (7,66)   12: 8R5 (8,55)
13: 3R7 (3,77)   14: 11 (11)   15: 10R4 (10,44)
16: 9R6 (9,66)   17: 9R1 (9,11)   18: 10R6 (10,66)
19: 1R7 (1,77)   20: 3 (3)   21: 9R7 (9,77)
22: 9R8 (9,88)   23: 2R8 (2,88)   24: 6R7 (6,77)
25: 5R2 (5,22)   26: 8R1 (8,11)   27: 10R2 (10,22)
28: 1R2 (1,22)   29: 2R5 (2,55)   30: 8R3 (8,33)

6.3 Division mit zweistelligen Zahlen

Die Division mit zweistelligen Zahlen funktioniert analog zur Division mit einstelligen Zahlen. Allerdings könnt ihr vorher versuchen, die Rechnung zu vereinfachen. Das funktioniert so, wie ihr in der Schule gelernt habt, einen Bruch zu kürzen:

Ihr teilt Zähler und Nenner (= Dividend und Divisor) durch den gleichen Faktor.

Beispiel:

749 : 42	Ihr seht sofort, dass beide Zahlen durch 7 teilbar sind: 749 : 7 = 107. 42 : 7 = 6.
107 : 6	Die Rechnung reduziert sich auf eine Division durch eine einstellige Zahl: 60 : 6 = **10**. Rest 47
47 : 6	42 : 6 = **7**. Bleiben 5 als Rest (47 − 42 = **5**)
10 + 7 + 5 : 6	17 Rest 5 oder 17 $\frac{5}{6}$

In folgenden Fällen erkennt ihr sofort, ob ihr die Division vereinfachen könnt:

- bei Dividend und Divisor handelt es sich um gerade Zahlen. Dann könnt ihr durch 2 teilen.
- die Zahlen enden auf 5 oder 0. Dann teilt ihr durch 5 (wenn beide auf 0 enden, dann streicht ihr die 0).

Beispiele:

358 : 64	Geteilt durch 2: 179 : 32
676 : 52	Geteilt durch 2: 338 : 26 Noch einmal: 169 : 13
480 : 35	Geteilt durch 5: 96 : 7
755 : 40	Geteilt durch 5: 151 : 8

Auch wenn das teilen durch 2 oder 5 einfach geht, benötigt ihr trotzdem Zeit und was für das Kopfrechnen viel schlimmer ist: Ihr müsst euch die neuen Zahlen merken.

Deshalb empfehle ich, das Kürzen der Division nur vorzunehmen, wenn ihr mit Papier und Stift rechnet.

Wie dividiert ihr nun mit zweistelligen Zahlen?

Beispiel: 358 : 64

1.	Seht euch die Zahlen an und schätzt, wie oft der Divisor in den Dividenden passt. Verwendet dabei einfache Multiplikationen (10, 5, 2).	Schätzwert 5, weil 5 • 6 = 30
2.	Führt die Multiplikation durch und ermittelt den Rest.	5 • 64 = 320 Rest 38
3.	Beginnt mit dem Rest bei Schritt 1 wenn er größer als der Divisor ist.	38 < 64
4.	Ggf. könnt ihr den Rest noch kürzen.	5 Rest 38 oder $5\,^{19}/_{32}$

Beispiel: 480 : 35

1.	Rechnet mit 10 oder gleich mit 12 (48 : 4)	Schätzwert 10
2.	Führt die Multiplikation durch und ermittelt den Rest (alternativ mit 12: 12 • 35 = 420 Rest 60)	10 • 35 = 350 Rest 130
3.	Beginnt mit dem Rest bei Schritt 1 wenn er größer als der Divisor ist (alternativ 60: 1 • 35, Rest 25).	3 • 35 = 105 Rest 25
4.	Ggf. könnt ihr den Rest noch kürzen.	13 Rest 25 oder $13\,^{5}/_{7}$

Beispiel mit vierstelligem Dividenden: 7833 : 27

1.	78 : 27 (3 zuviel, weil 3 • 25 schon 75 => 2)	Schätzwert 200
2.	200 • 27 = 5400	Rest 2433
3.	90 • 27 = 2430 Rest 3	Schätzung 90, (2700 – 270 = 2430)
4.	3 : 27 lässt sich durch 3 kürzen	290 Rest 3 oder 290 $\frac{1}{9}$

Aufgaben Division durch zweistellige Zahl (3 Stellen):

1: 357 : 88   2: 836 : 38
3: 201 : 53   4: 241 : 79
5: 589 : 55   6: 680 : 84
7: 923 : 11   8: 756 : 94
9: 553 : 25   10: 439 : 41
11: 326 : 24   12: 626 : 60
13: 403 : 13   14: 862 : 63
15: 803 : 74   16: 975 : 92
17: 815 : 99   18: 819 : 33
19: 384 : 70   20: 578 : 98

Aufgaben Division durch zweistellige Zahl (4 Stellen):

1: 7379 : 95   2: 2077 : 58
3: 5031 : 31   4: 8586 : 37
5: 3578 : 77   6: 7357 : 53
7: 2146 : 77   8: 9715 : 67
9: 3254 : 94   10: 8395 : 95
11: 4602 : 31   12: 4155 : 89
13: 5529 : 31   14: 6671 : 63
15: 4876 : 34   16: 5851 : 22
17: 6854 : 14   18: 6681 : 61

19: 9756 : 52   20: 3914 : 42

Lösung Division durch zweistellige Zahl (3 Stellen):
(R=Rest, Ergebnis abgeschnitten bei 2 Nachkommstellen)

1: 4R5 (4,05)   2: 22 (22)
3: 3R42 (3,79)   4: 3R4 (3,05)
5: 10R39 (10,70)   6: 8R8 (8,09)
7: 83R10 (83,90)   8: 8R4 (8,04)
9: 22R3 (22,12)   10: 10R29 (10,70)
11: 13R14 (13,58)   12: 10R26 (10,43)
13: 31 (31)   14: 13R43 (13,68)
15: 10R63 (10,85)   16: 10R55 (10,59)
17: 8R23 (8,23)   18: 24R27 (24,81)
19: 5R34 (5,48)   20: 5R88 (5,89)

Lösung Division durch zweistellige Zahl (4 Stellen):
(R=Rest, Ergebnis abgeschnitten bei 2 Nachkommstellen)

1: 77R64 (77,67)   2: 35R47 (35,81)
3: 162R9 (162,29)   4: 232R2 (232,05)
5: 46R36 (46,46)   6: 138R43 (138,81)
7: 27R67 (27,87)   8: 145 (145)
9: 34R58 (34,61)   10: 88R35 (88,36)
11: 148R14 (148,45)   12: 46R61 (46,68)
13: 178R11 (178,35)   14: 105R56 (105,88)
15: 143R14 (143,41)   16: 265R21 (265,95)
17: 489R8 (489,57)   18: 109R32 (109,52)
19: 187R32 (187,61)   20: 93R8 (93,19)

7. Quadratzahlen

Für das Quadrieren von Zahlen gibt es eine Reihe von „Rechentricks", die die Berechnung stark vereinfachen.

7.1 Zahlen, die auf 5 enden

Ihr habt den Trick schon im Kapitel 5.4 kennengelernt, denn ihr multipliziert Zahlen mit der gleichen Zehnerstelle, die sich in der Einerstelle zu 10 ergänzen.

Die Rechenanweisung dazu lautet:

	Beispiel	$35^2 = 35 \cdot 35$
1.	Nimm die Zehnerstelle, erhöhe einen Faktor um eins und multipliziere	$3 \cdot 4 = \mathbf{12}$
2.	Hänge an das Ergebnis das Produkt der Einerstellen (bei 5 also immer **25**)	25 an 12 anhängen: **1225**

Einfacher geht es kaum. Das gleiche Prinzip gilt auch für Zahlen mit dem Dezimalbruch 0,5.

	Beispiel	$6,5^2 = 6,5 \cdot 6,5$
1.	Nimm die Zahl vor dem Komma, erhöhe einen Faktor um eins und multipliziere	$6 \cdot 7 = \mathbf{42}$
2.	Hänge an das Ergebnis **0,25**	**42,25**

Oder für dreistellige Zahlen. Wenn ihr die Quadratzahlen bis 20 auswendig kennt, könnt ihr in diesem Bereich sogar dreistellige Zahlen, die auf 5 enden, ganz einfach quadrieren.

	Beispiel	$135^2 = 135 \cdot 135$
1.	Ihr wisst (auswendig), dass 13 • 13 = 169 ist. Addiert also noch einmal 13 hinzu	169 + 13 = 182
2.	Hängt an das Ergebnis **25**	**18225**

Aufgaben Quadrate mit 5 und 0,5:

1: 15^2 2: 25^2 3: $4,5^2$

4: $9,5^2$ 5: 35^2 6: $5,5^2$

7: 65^2 8: $6,5^2$ 9: $8,5^2$

10: $7,5^2$ 11: 75^2 12: $3,5^2$

13: 45^2 14: $2,5^2$ 15: 95^2

16: 85^2 17: $1,5^2$ 18: 55^2

Lösungen Quadrate mit 5 und 0,5:

1: 225   2: 625   3: 20,25

4: 90,25   5: 1225   6: 30,25

7: 4225   8: 42,25   9: 72,25

10: 56,25   11: 5625   12: 12,25

13: 2025   14: 6,25   15: 9025

16: 7225   17: 2,25   18: 3025

7.2 Standardverfahren (gleiche Zehnerstelle)

Die restlichen Quadratzahlen berechnet ihr, wie im Kapitel 5.4 gelernt:

Beispiel: $34^2 (34 \cdot 34)$

30 • 30 = **900**	Zehnerstelle multiplizieren
8 • 30 = **240**	2 • Einerstelle • Zehnerstelle = 2 • 4 • 30
4 • 4 = **16**	Einerstelle zum Quadrat
900 + 240 + 16 = **1156**	Ergebnis

Beispiel: 47^2 (47 • 47)

7 + 7 = 14	Summe der Einerstellen > 10, d.h. ein Faktor + 1 setzen
50 • 40 = 2000	(Zehnerstelle + 1) • Zehnerstelle
4 • 40 = **160**	Übertrag aus Summe • Zehnerstelle
7 • 7 = **49**	Einerstelle zum Quadrat
2000 + 160 + 49 = **2209**	Ergebnis

Aufgaben Quadrate Standardverfahren:

1: 53^2 2: 65^2 3: 23^2

4: 91^2 5: 84^2 6: 94^2

7: 72^2 8: 31^2 9: 96^2

10: 16^2 11: 67^2 12: 26^2

13: 61^2 14: 93^2 15: 75^2

16: 76^2 17: 64^2 18: 43^2

19: 45^2 20: 34^2 21: 22^2

22: 32^2 23: 24^2 24: 35^2

25: 56^2 26: 11^2 27: 14^2

28: 36^2 29: 42^2 30: 57^2

Lösungen Quadrate Standardverfahren:

1: 2809 2: 4225 3: 529

4: 8281 5: 7056 6: 8836

7: 5184 8: 961 9: 9216

10: 256 11: 4489 12: 676

13: 3721 14: 8649 15: 5625

16: 5776 17: 4096 18: 1849

19: 2025 20: 1156 21: 484

22: 1024   23: 576   24: 1225
25: 3136   26: 121   27: 196
28: 1296   29: 1764   30: 3249

7.3 Subtraktionsmethode

Bei Zahlen, die auf 9 oder 8 enden, könnt ihr stattdessen auch die nächsthöhere Zehnerstelle für die Multiplikation verwenden und subtrahieren.

Beispiel: 79^2 $(79 \cdot 79) => (80 - 1) \cdot (80 - 1)$

80 • 80 = **6400**	Zehnerstelle multiplizieren
2 • 80 = **160**	2 • aufgerechneter Wert der Einerstelle • Zehnerstelle = 2 • 1 • 80 (muss subtrahiert werden)
1 • 1 = **1**	Aufgerechneter Wert der Einerstelle zum Quadrat (Achtung: Das Ergebnis muss **addiert** werden!)
6400 – 160 + 1 = **6241**	Ergebnis

In bestimmten Fällen kann die Subtraktionsmethode auch bei Zahlen, die auf 7 oder 6 enden, einfacher sein: wenn ihr auf 50 oder 100 aufrechnen könnt.

Beispiel: 47^2 $(47 \cdot 47) = (50 - 3) \cdot (50 - 3)$

50 • 50 = **2500**	Zehnerstelle multiplizieren
6 • 50 = **300**	2 • aufgerechneter Wert der Einerstelle • Zehnerstelle = 2 • 3 • 50 (muss subtrahiert werden)
3 • 3 = **9**	Aufgerechneter Wert der Einerstelle zum Quadrat (Achtung: Das Ergebnis muss **addiert** werden!)
2500 – 300 + 9 = **2209**	Ergebnis

Aufgaben Quadrate Subtraktionsmethode:

1: 69^2 2: 96^2 3: 39^2

4: 29^2 5: 68^2 6: 59^2

7: 18^2 8: 88^2 9: 98^2

10: 58^2 11: 19^2 12: 28^2

13: 49^2 14: 46^2 15: 38^2

16: 89^2 17: 48^2 18: 79^2

19: 99^2 20: 97^2 21: 47^2

Lösungen Quadrate Subtraktionsmethode:

1: 4761   2: 9216   3: 1521

4: 841   5: 4624   6: 3481

7: 324   8: 7744   9: 9604

10: 3364   11: 361   12: 784

13: 2401   14: 2116   15: 1444

16: 7921   17: 2304   18: 6241

19: 9801   20: 9409   21: 2209

7.4 Quadratzahlen plus 0,5

Wenn ihr eine Quadratzahl berechnet habt, könnt ihr ganz einfach das Quadrat der Zahl + 0,5 ermitteln.

Beispiel: $47,5^2$

47 • 47 = 2209	Siehe Berechnung oben
2209 + 47,25 = 2256,25	Addiert 47,25 (zu quadrierende Zahl ohne Komma + 0,25)
$47,5^2$ = **2256,25**	Ergebnis

Auf diese Weise hättet ihr auch $6,5^2$ berechnen können:

6 • 6 = 36. 36 + 6,25 = 42,25

Bei den folgenden Aufgaben rechnet ihr zunächst das Quadrat der Zahl ohne Nachkommastelle und folgt dann der Rechenanweisung wie oben gezeigt.

Aufgaben Quadrat einer Zahl plus 0,5:

1: $33,5^2$ 2: $95,5^2$ 3: $77,5^2$
4: $37,5^2$ 5: $25,5^2$ 6: $89,5^2$
7: $17,5^2$ 8: $53,5^2$ 9: $64,5^2$
10: $20,5^2$ 11: $87,5^2$ 12: $58,5^2$
13: $63,5^2$ 14: $90,5^2$ 15: $55,5^2$
16: $85,5^2$ 17: $60,5^2$ 18: $35,5^2$
19: $76,5^2$ 20: $46,5^2$ 21: $59,5^2$
22: $94,5^2$ 23: $69,5^2$ 24: $91,5^2$
25: $14,5^2$ 26: $32,5^2$ 27: $96,5^2$
28: $66,5^2$ 29: $34,5^2$ 30: $51,5^2$

Lösungen Quadrat einer Zahl plus 0,5:

1: 1122,25   2: 9120,25   3: 6006,25
4: 1406,25   5: 650,25   6: 8010,25
7: 306,25   8: 2862,25   9: 4160,25
10: 420,25   11: 7656,25   12: 3422,25
13: 4032,25   14: 8190,25   15: 3080,25
16: 7310,25   17: 3660,25   18: 1260,25
19: 5852,25   20: 2162,25   21: 3540,25
22: 8930,25   23: 4830,25   24: 8372,25
25: 210,25   26: 1056,25   27: 9312,25
28: 4422,25   29: 1190,25   30: 2652,25

7.5 Warum funktionieren diese Rechnungen?

Vielleicht habt ihr es schon bemerkt. Die oben dargestellten Rechenwege nutzen die binomischen Formeln. Wer sich nicht mehr daran erinnert: Diese Formeln fassen einfach das Ergebnis der Ausmultiplikation eines Klammerausdrucks zusammen:

$$(a + b)^2 = (a + b) \cdot (a + b) = a^2 + a \cdot b + b \cdot a + b^2$$

(Jeder Wert in der ersten Klammer wird mit jedem Wert aus der 2. Klammer multipliziert). Anschließend werden die zwei mittleren Produkte zusammengefasst, da $a \cdot b$ äquivalent zu $b \cdot a$ ist: $a^2 + 2ab + b^2$ (das $\cdot$ bei $2ab$ wird weggelassen).

Für die Rechenstrategien teilt ihr eine Zahl in Zehnerwert (a) und Einerwert (b) auf:

$$34^2 = (30 + 4)^2 = 30^2 + 2 \cdot 30 \cdot 4 + 4^2$$

Für Zahlen, die mit 5 enden, vereinfacht sich der mittlere Ausdruck der Formel: $(a + 5)^2 = a^2 + 2 \cdot a \cdot 5 + 5^2 = a^2 + 10 \cdot a + 25$.

Im Beispiel ergibt sich: $(30 + 5)^2 = 30 \cdot 30 + 10 \cdot 30 + 25 = (30 + 10) \cdot 30 + 25 = 40 \cdot 30 + 25$.

Bei der Formulierung der Rechenstrategie ignorieren wir die Nullen bei 40 und 30, da wir die zwei Stellen durch das „Anhängen" der 25 gewinnen.

Die Subtraktionsmethode entspricht der zweiten binomischen Formel:

$$(a - b)^2 = a^2 - 2ab + b^2$$
$$47^2 = (50 - 3)^2 = 50^2 - 2 \cdot 50 \cdot 3 + 3^2$$

Mit Hilfe dieser Formeln könnt ihr euch von jeder bekannten Quadratzahl ganz einfach die nächsthöhere herleiten:

$$(x + 1)^2 = x^2 + \mathbf{2x} + \mathbf{1}$$

Beispiel:
Ihr wisst, $15^2 = 225$. Um 16^2 zu berechnen, müsst ihr $2 \cdot 15 + 1 = 31$ addieren: $225 + 31 = 256$.

Oder die nächstniedrigere:
$(x - 1)^2 = x^2 - \mathbf{2x + 1}$
Um 14^2 zu berechnen, zieht ihr $2 \cdot 15$ ab und addiert 1 dazu: $225 - 30 + 1 = 196$.

Oder die um 0,5 nächsthöhere:
$(x + 0,5)^2 = x^2 + 2 \cdot 0,5 \cdot x + 0,5 \cdot 0,5 = x^2 + \mathbf{x + 0,25}$.
Um $15,5^2$ zu berechnen, müsst ihr 15,25 addieren: $225 + 15,25 = 240,25$.

Die dritte binomische Formel habe ich im Kapitel 5.4 als Spezialfall der Multiplikation angeführt.
$(a + b) \cdot (a - b) = a^2 - b^2$

Beispiel: $32 \cdot 28$
$(30 + 2) \cdot (30 - 2) = 30^2 - 2^2 = 900 - 4 = 896$.

Die Formel funktioniert nur, wenn der eine Faktor um den gleichen Wert unter der Zehnerstelle liegt, wie der andere darüber. Wenn eine solche Konstellation vorliegt (Zehnerstellen um eins auseinander, Einerstellen ergänzen sich zu 10), könnt ihr die Formel nutzen – ihr müsst nur daran denken.

8. Die Kunst des Rundens

In den folgenden Kapiteln (Wurzel ziehen und Praxis-Kapitel) geht es nicht darum, einen exakten Wert zu berechnen. Das Ziel besteht vielmehr darin, ausreichend genau zu rechnen, dass eine bestimmte Fragestellung beantwortet werden kann.

Beispiel: Bei der Berechnung des Benzinverbrauchs interessiert höchstens eine Stelle hinter dem Komma. Ob das Auto auf 100 Kilometer 50 ml Benzin (= maximale Rundungsdifferenz bei einer Nachkommastelle) mehr oder weniger verbraucht, ist uns normalerweise egal.

Zwei Faktoren entscheiden über die Auswirkung einer Rundung auf das Endergebnis:

1. Der Anteil des gerundeten Betrags an der ursprünglichen Zahl.
   Wenn ihr 0,45 auf 0,5 rundet, macht der Rundungsbetrag von 0,05 circa 11 Prozent aus. Wenn ihr 1,45 auf 1,5 rundet, beträgt die Rundungsdifferenz dagegen nur 3 Prozent.
   Generell gilt: Je größer die gerundete Zahl und je kleiner der Rundungsbetrag, desto geringer fallen die Auswirkungen einer Rundung ins Gewicht.

2. Die verwendeten Rechenoperationen
   Die unten stehende Tabelle zeigt euch wie sich das Auf- bzw Abrunden bei der jeweiligen Rechenoperation auf die Rundungsdifferenz auswirkt.

Zahl 1 1,95	Ope- ration	Zahl 2 0,95	Rundungsdifferenz	Pro- zent
Addition 1,95 + 0,95 = 2,9				
↑ 2	+	↑ 1	= 3 => **0,1** von 2,9	3,45
↑ 2	+	↓ 0,9	= 2,9 => **0** von 2,9	0
↓ 1,9	+	↓ 0,9	= 2,8 => **0,1** von 2,9	3,45
Subtraktion 1,95 – 0,95 = 1				
↑ 2	-	↑ 1	= 1 => 0 von 1	0
↑ 2	-	↓ 0,9	= 1,1 => 0,1 von 1	10
↓ 1,9	-	↓ 0,9	= 1 => 0 von 1	0
Multiplikation 1,95 • 0,95 = 1,8525				
↑ 2	•	↑ 1	= 2 => 0,1475 von 1,8525	7,96
↑ 2	•	↓ 0,9	= 1,8 => 0,0525 von 1,8525	2,83
↓ 1,9	•	↓ 0,9	= 1,71 => 0,1425 von 1,8525	7,69
Division 1,95 : 0,95 = 2,0526				
↑ 2	:	↑ 1	= 2 => 0,0526 von 2,0526	2,56
↑ 2	:	↓ 0,9	= 2,2222 => 0,1696 von 2,0526	8,26
↓ 1,9	:	↓ 0,9	= 2,1111 => 0,0585 von 2,0526	2,85

Allgemeine Beweisführung siehe 16.3

Aus der Tabelle oben leitet ihr folgende Strategien ab, um die Rundungsdifferenz möglichst gering zu halten:

1. **bei Addition und Multiplikation solltet ihr eine Zahl auf- und die andere abrunden**

2. **bei Subtraktion und Division rundet ihr entweder beide Zahlen auf- oder beide Zahlen ab.**

Beispiel: 1,68 • 0,78 (= 1,3104)

Bei dieser Konstellation ist die Versuchung groß, beide Zahlen aufzurunden und mit 1,7 • 0,8 zu rechnen:

17 • 8 = 170 – 34 = 136 => 1,36 (0,0496 Differenz)

Nach obiger Strategie solltet ihr jedoch rechnen 1,6 • 0,8 (ihr rundet immer den höheren Betrag bei der größeren Zahl):

16 • 8 = 160 – 32 = 128 => 1,28 (0,0304 Differenz)

D.h. obwohl ihr insgesamt 0,1 (0,08 + 0,02) gerundet habt (gegenüber 0,04 im ersten Fall), ist das Ergebnis näher am eigentlichen Wert.

Bei komplexen und mehrstufigen Berechnungen würdet ihr nicht mit 1,28 weiterrechnen, sondern auf 1,3 aufrunden. Damit nähert ihr euch weiter dem tatsächlichen Wert. Ein Beispiel für solche Berechnungen ist das Ziehen der Wurzel, was ich im nächsten Kapitel zeige.

Dafür benötigt ihr ein Gefühl für das richtige Runden. Versucht einerseits, eure Rundungsdifferenz im Auge zu behalten und dann ggf. zu korrigieren und andererseits: Übt so viel wie möglich.

Beispiel: 1478 • 216

Ihr rundet auf 1500 • 200 = 300 000.

Überschlagt jetzt eure Rundungsdifferenzen:

1500 • 16 = 24 000 zuwenig gerechnet

22 • 200 = 4400 zuviel gerechnet

Ihr korrigiert: 300 000 + 24 000 – 4 400 = 319 600

Das tatsächliche Ergebnis beträgt 319 248.

Ihr seht, dass ihr mit relativ wenig Aufwand sehr nahe an das richtige Ergebnis herankommt (Abweichung ca. 1,1 Promille).

Hier ein paar Aufgaben zum Üben:

1: 208 • 3979   2: 7925 • 189   3: 4102 • 273
4: 2791 • 56   5: 512 • 5861   6: 354 • 1882

Wenn die Zahlen es hergeben, könnt ihr mit verschieden starken Rundungen experimentieren (z.B. bei Aufgabe 3 mit 4100 • 280 und 4000 • 300)

Bei den Lösungen findet ihr zu jeder Aufgabe drei Zahlen: die Untergrenze bei einer maximalen Abweichung von 0,5 Prozent, die exakte Lösung und die Obergrenze für die 0,5 prozentige Abweichung. Euer Ergebnis sollte zwischen der ersten und der letzten Zahl liegen. Die Grenzen sind gerundet.

Lösungen für Rundungsaufgaben:

1	823500	827632	831800
2	1490300	1497825	1505300
3	1114200	1119846	1125400
4	155500	156296	157100
5	2985800	3000832	3015800
6	662900	666228	669600

Leider ist das Einschätzen der Effekte von Rundungsdifferenzen bei der Division sehr viel schwerer. Ihr könnt den Rundungsfehler einigermaßen kompensieren, wenn ihr die Verhältnisse betrachtet.

Beispiel: 1478 : 216.

Ihr rundet beide Zahlen ab: 1400 : 200 = 7

16 von 216 => ca. 8%

78 von 1478 => ca. 5%

D.h. ihr solltet das Ergebnis noch um 3% korrigieren:

7 * 0,03 = 0,21 => 7 − 0,21 = 6,79

Das tatsächliche Ergebnis beträgt 6,84.

Je genauer ihr die Prozentzahlen berechnet, desto exakter wird die Korrektur. Im obigen Beispiel wäre 16 von 216 eher 7% (7,41%). D.h. wenn ihr mit 2% entspricht 0,14 korrigiert hättet, wärt ihr näher am korrekten Ergebnis: 7 − 0,14 = 6,86.

Hier ein paar Aufgaben zum Üben:

1: 3979 : 208	2: 7925 : 189	3: 4102 : 273
4: 2791 : 56	5: 5861 : 512	6: 1882 : 354

Bei den Lösungen findet ihr zu jeder Aufgabe drei Zahlen: die Untergrenze bei einer maximalen Abweichung von 1 Prozent, die exakte Lösung und die Obergrenze für die 1 prozentige Abweichung. Euer Ergebnis sollte zwischen der ersten und der letzten Zahl liegen. Die Grenzen sind gerundet.

Lösungen für Rundungsaufgaben zur Division:

1	18,94	19,13	19,32
2	41,72	41,93	42,14
3	14,95	15,03	15,11
4	49,59	49,84	50,09
5	11,39	11,45	11,51
6	5,29	5,32	5,35

Da das Kompensieren bei der Division schwer ist, gebe ich hier Erläuterungen zur 1. Aufgabe:

3979 : 208	Abrunden auf 3900 : 200 = 19,5
79 von 3979	Rechnet grob mit 80 von 4000 = 2%
8 von 208	Rechnet grob mit 8 von 200 = 4%
4 − 2 = 2	D.h. ihr habt den Dividenden um 2% zu wenig gekürzt. Als Ausgleich kürzt ihr das Ergebnis um die fehlenden 2%
19,5 • 0,02 = 0,39	Eure Korrektur: 19,5 − 0,39 = **19,11**

Ein Hinweis zur 2. Aufgabe: Hier bietet sich Aufrunden statt Abrunden an.

Natürlich macht es wenig Sinn, auf der einen Seite zu Runden und beim Ergebnis eine Genauigkeit von zwei Stellen hinter dem Komma vorzutäuschen.

Die Aufgaben sind dazu gedacht, euch ein Gefühl dafür zu vermitteln, wie sich das Runden auswirkt und wie ihr euer Ergebnis verbessern könnt.

9. Wurzel ziehen

Wurzel ziehen im Kopf? – Das hört sich schlimmer an, als ein Zahnarztbesuch. Aber es soll nicht darum gehen, die exakte Wurzel zu ermitteln, sondern um einen Näherungswert.

Hinweis zur Nomenklatur: Als „Quadratzahl" bezeichne ich das Ergebnis einer Zahl zum Quadrat, während ich die quadrierte Zahl „Basiszahl" nenne. Der Wert von a^2 heißt also Quadratzahl, während a die Basiszahl ist.

Beispiel: $\sqrt{32}$ (Wurzel aus 32)

$25 = 5 \cdot 5$	Nächstkleinere Quadratzahl (25) und dazugehörige Basiszahl (5) ermitteln
$32 - 25 = 7$	Differenz zur Zahl unter der Wurzel ermitteln
$7 : (2 \cdot 5) =$ $7 : 10 = 0{,}7$ $5 + 0{,}7 = \mathbf{5{,}7}$	Differenz durch 2 • Basiszahl teilen und zur Basiszahl addieren. Damit habt ihr ein erstes grobes Ergebnis, dass für die meisten Zwecke ausreichen dürfte.
$0{,}7^2 = 0{,}49$ $0{,}49 : (2 \cdot 5) =$ $0{,}49 : 10 =$ $0{,}049$ $5{,}7 - 0{,}049 =$ $\mathbf{5{,}651}$	Noch genauer wird es, wenn ihr die 0,7 zum Quadrat nehmt und durch 2 • Basiszahl teilt und von den 5,7 abzieht. Je größer die Differenz ist, die ihr in der zweiten Zeile ermittelt habt, desto mehr erhöht dieser Schritt die Genauigkeit.
$\mathbf{5{,}657}$	Tatsächliches Ergebnis auf drei Stellen gerundet

Beweisführung siehe 16.4.

Beispiel: $\sqrt{51}$ (Wurzel aus 51)

49 = 7 • 7	Nächstkleinere Quadratzahl (49) und zugehörige Basiszahl (7) ermitteln.
51 − 49 = 2	Differenz zur Zahl unter der Wurzel ermitteln
2 : (2 • 7) = 1 : 7 = 0,14 7 + 0,14 = **7,14**	Differenz durch 2 • Basiszahl teilen und zur Basiszahl addieren Damit habt ihr ein erstes grobes Ergebnis, dass für die meisten Zwecke ausreichen dürfte.
	Bei der geringen Differenz lohnt sich weiterrechnen nicht.
7,141	Tatsächliches Ergebnis auf drei Stellen gerundet

Ihr seht, dass ihr zumindest bei zweistelligen Quadratzahlen die Wurzel relativ exakt abschätzen könnt.

Je größer die Zahlen, desto größer wird auch die Abweichung zwischen Schätzung und genauem Wert:

Beispiel: $\sqrt{6851}$ (Wurzel aus 6851)

6400 = 80 • 80	Ihr beginnt mit einer einfachen Zahl und ermittelt den Rest: 451.
451 : (2 • 80) ≈ 225 : 80 ≈ **2,8**	Teilt die Differenz durch 2 • Basiszahl 200 : 80 = **2,5**. 25 : 80 ≈ **0,3** (8 • 3 = 24)
80 + 2,8 = **82,8**	Weiterrechnen lohnt sich m.E. nicht (ihr müsstet $2,8^2$: 160 rechnen)
82,770	Tatsächliches Ergebnis auf drei Stellen gerundet

Beispiel: $\sqrt{7851}$ (Wurzel aus 7851)

6400 = 80 • 80	Ihr beginnt mit einer einfachen Zahl und ermittelt den Rest: 1451. Der Rest ist größer als 825, d.h. ihr könnt mit 85 statt mit 80 rechnen (siehe Kapitel 7.1.)
1451 − 825 = 626	Ermittelt den neuen Rest (85 • 85 = 6400 + 825 = 7225, Kapitel 7)
626 : (2 • 85) = 626 : 170 = 62,6 : 17 ≈ **3,66**	Teilt die Differenz durch 2 • Basiszahl 3 • 17 = 51; 11 : 17 ≈ 12 : 18 = 0,66
85 + 3,66 = **88,66**	Korrektur berechnen „bringt nichts". Zahlen addieren.
88,606	Tatsächliches Ergebnis auf drei Stellen gerundet

Zum Vergleich die Rechnung mit 80 als Basiszahl:

1451 : (2 • 80) = 1451 : 160 = 145,1 : 16 ≈ 9

(9 • 16 = 144)

Da 9 größer einem Zehntel von 80, „lohnt" sich ggf. die Korrektur (siehe Kapitel 16.4):

9^2 : (2 • 80) = 81 : 160 ≈ 0,5 → 9 − 0,5 = 8,5

80 + 8,5 = **88,5** (gegenüber 89 ohne Korrektur)

Diesmal ist die Abweichung zum tatsächlichen Ergebnis etwas größer, bewegt sich aber im Bereich von < 0,2 (genau 0,106). Das wären etwa 1,2 Promille (Tausendstel).

Wozu benötigt ihr das Berechnen der Wurzel – außer zum Angeben bei Freunden?

Ein Beispiel wäre der Satz von Pythagoras, mit dem ihr die Diagonale in einem Rechteck berechnen könnt: $c^2 = a^2 + b^2$, wobei c die Diagonale ist und a und b die Seitenlängen des Rechtecks.

D.h. ihr könnt die Diagonale eines Rechteck mit folgender Formel ermitteln: $c = \sqrt{a^2 + b^2}$

Beispiel: Ermittelt die Länge der Diagonale eines Rechtecks mit den Seitenlängen 13m und 7m.

$13^2 + 7^2 = 169 + 49 = 218$	Addiert die Quadrate der Seitenlängen. Es gilt die Wurzel aus 218 zu ermitteln
$14 \cdot 14 = 196$	Nächstniedrigere Quadratzahl und Basiszahl
$218 - 196 = 22$	Differenz ermitteln
$22 : (2 \cdot 14) =$ $22 : 28 \approx$ $21 : 28 = 0,75$	Teilt die Differenz durch 14 mal 2.
$14 + 0,75 =$ **14,75**	Addiert beide ermittelten Zahlen
14,765	Tatsächliches Ergebnis auf 3 Stellen gerundet

Zum Schluss noch eine Aufgabe, für alle, die gerne knobeln und mit mathematischen Formeln spielen:

Wie lang ist die Diagonale in einem Quadrat (im Verhältnis zur Seitenlänge)?

Die Auflösung findet ihr hinter den Lösungen für die Aufgaben zur Wurzelberechnung.

Aufgaben Wurzel schätzen (2 Stellen):

1: $\sqrt{13}$ 2: $\sqrt{84}$ 3: $\sqrt{27}$

4: $\sqrt{33}$ 5: $\sqrt{15}$ 6: $\sqrt{57}$

7: $\sqrt{17}$ 8: $\sqrt{40}$ 9: $\sqrt{35}$

10: $\sqrt{86}$ 11: $\sqrt{72}$ 12: $\sqrt{53}$

13: $\sqrt{76}$ 14: $\sqrt{89}$ 15: $\sqrt{68}$

Aufgaben Wurzel schätzen (3 Stellen):

1: $\sqrt{811}$ 2: $\sqrt{176}$ 3: $\sqrt{540}$
4: $\sqrt{448}$ 5: $\sqrt{211}$ 6: $\sqrt{679}$
7: $\sqrt{993}$ 8: $\sqrt{731}$ 9: $\sqrt{921}$
10: $\sqrt{221}$ 11: $\sqrt{749}$ 12: $\sqrt{674}$
13: $\sqrt{545}$ 14: $\sqrt{451}$ 15: $\sqrt{870}$

Aufgaben Wurzel schätzen (4 Stellen):

1: $\sqrt{8698}$ 2: $\sqrt{5210}$ 3: $\sqrt{2574}$
4: $\sqrt{9363}$ 5: $\sqrt{4045}$ 6: $\sqrt{4076}$
7: $\sqrt{9586}$ 8: $\sqrt{5058}$ 9: $\sqrt{4034}$
10: $\sqrt{7785}$ 11: $\sqrt{1193}$ 12: $\sqrt{3657}$
13: $\sqrt{8242}$ 14: $\sqrt{7956}$ 15: $\sqrt{8686}$

Die Lösungen zu den Aufgaben zeigen den auf drei Nach-kommastellen gerundeten Wert. Ihr seht dann, wie weit ihr mit eurer Schätzung von dem tatsächlichen Wert entfernt liegt.

Lösungen Wurzel schätzen (2 Stellen):

1: 3,606   2: 9,165   3: 5,196
4: 5,745   5: 3,873   6: 7,550
7: 4,123   8: 6,325   9: 5,916
10: 9,274   11: 8,485   12: 7,280
13: 8,718   14: 9,434   15: 8,246

Lösungen Wurzel schätzen (3 Stellen):

1: 28,478   2: 13,266   3: 23,238
4: 21,166   5: 14,526   6: 26,058
7: 31,512   8: 27,037   9: 30,348
10: 14,866   11: 27,368   12: 25,962

13: 23,345   14: 21,237   15: 29,496

Lösung zur Zusatzfrage (Diagonale im Quadrat):

Satz des Pythagoras (a = Seitenlänge, d = Diagonale):

$d^2 = a^2 + a^2 = 2a^2$

$d = \sqrt{2a^2} = a\sqrt{2}$

In Worten: Die Länge der Diagonalen in einem Quadrat beträgt circa das 1,4 fache der Seitenlänge ($\sqrt{2}$ = 1,4142).

10. Praxis: Einkaufen

Wer rechnet schon dauerhaft freiwillig „sinnlose" Rechenaufgaben auf einer App oder auf Übungsblättern. Zwar biete ich euch das an, aber dazu müsst ihr den Willen und die Zeit aufbringen. Beim Einkaufen ergeben sich dagegen automatisch jede Menge Möglichkeiten, das Gehirn zu trainieren.

10.1   Gesamtsumme des Einkaufs berechnen

Das macht nur Spaß bei maximal zehn bis fünfzehn Artikeln. Bei einem Wocheneinkauf könnt ihr euch auf eine Warengruppe konzentrieren, zum Beispiel Süßigkeiten und Knabbereien. Dann wisst ihr, wie viel ihr dafür ausgebt und könnt euch beim nächsten Mal vornehmen, weniger zu kaufen. Oder ihr legt eine Ausgabengrenze für Süßigkeiten fest.

Wie geht ihr vor?

Die meisten Preise enden auf 9 Cent. Da wir die Zahlen von links nach rechts interpretieren sieht das für unser Gehirn aus, als ob der Artikel 10 Cent weniger kostet. Bei 0,99 € denken wir eher an 90 Cent als an einen Euro.

Beim Zusammenrechnen der Preise ignoriert ihr dagegen den einen Cent, der auf einen Euro fehlt. Ihr rundet immer auf. Das hat den schönen Effekt, dass ihr mit der Zeit unempfindlich gegen diesen optischen Trick des Handels werdet.

Selbst wenn ihr fünfzig Artikel in euren Einkaufswagen packt, macht das nur 0,50 € aus.

Beispiel: Ihr habt Artikel zu folgenden Preisen eingekauft:

Preis	Aufgerundet 10 Cent	Gerundet ganze Euro	Gerundet 50 Cent
1,99	2,00	2,00	2,00
3,29	3,30	3,00	3,50
1,89	1,90	2,00	2,00
2,59	2,60	3,00	2,50
0,99	1,00	1,00	1,00
0,69	0,70	1,00	0,50
0,99	1,00	1,00	1,00
5,19	5,20	5,00	5,00
1,49	1,50	2,00	1,50
19,11	**19,20**	**20,00**	**19,00**

Bei der Rundung auf 10 Cent entspricht der Unterschied der Summe aller Artikel mal ein Cent. Indem ihr die Anzahl der Artikel abzieht, kommt ihr auf den genauen Betrag.

Das Runden auf volle Euro oder 50 Cent Beträge macht nur Sinn, wenn ihr viele Artikel einkauft, damit sich das Auf- und Abrunden statistisch ausgleicht. Dabei solltet ihr mehrere gleiche Artikel (z.B. fünf Kiwis a 0,59 €) zusammenrechnen, um die Rundungsfehler in Grenzen zu halten (5 • 0,60 € = 3 € gegenüber 5 € bei Rundung auf volle Euro der einzelnen Kiwis).

Beim Runden weicht der berechnete Endbetrag vom tatsächlichen Betrag ab, aber ihr solltet abschätzen können, ob der Einkauf euer Budget bzw. den Inhalt des Geldbeutels übersteigt.

10.2 Angebote ausnutzen

„Kaufe Artikel der Marke XY im Wert von mindestens 10 Euro und erhalte 2 € Sofortrabatt an der Kasse." Diese Art von Angeboten ist euch bestimmt öfter begegnet. Im Grunde müsst ihr einfach die Preise der Artikel aufaddieren, bis ihr die zehn Euro erreicht habt. Falls ihr eine Ausgabengrenze für Süßigkeiten festgelegt habt (siehe letztes Kapitel), seid ihr darin bereits geübt. Hier zählt jedoch jeder Cent. Wenn ihr einen Cent unter der Wertgrenze seid, gibt es keinen Rabatt. Trotzdem könnt ihr mit der Rundung auf 10 Cent arbeiten und im Hinterkopf behalten, dass ggf. noch Cents fehlen.

Beispiel: Unter den angebotenen Produkten findet ihr drei Artikel, die euch interessieren, mit folgenden Preisen (Spalte 1):

1,69	1,70	2	0,30
3,99	4,00	4	
2,59	2,60	3	0,40
		9	**0,70**

Beim ersten Überschlagen (aufrunden auf volle Euro, Spalte 3), seht ihr sofort, dass ihr mit den drei Artikeln nicht auf die zehn Euro kommt. Parallel dazu merkt ihr euch die Summe eurer Aufrundungen: 70 Cent.

Das bedeutet, aus der Summe fehlt euch noch ein Euro zu den zehn, zusätzlich kommen 70 Cent Rundungsdifferenz dazu, insgesamt also 1,70 Euro (genau 1,73 durch die Rundung auf 10 Cent).

Der Preis für den ersten Artikel reicht nicht aus. Wenn ihr nicht völlig neu kombinieren wollt, müsst ihr den dritten

Artikel zweimal nehmen, um möglichst knapp über die zehn Euro zu kommen (10,86). Natürlich könnt ihr eure Auswahl neu zusammenstellen, z.B. zweimal Artikel 2 und einmal Artikel 3 (10,57).

Das knappste Ergebnis, auf das ich komme, ist 10,25 Euro. Welche Artikel habe ich gewählt? (Tipp: ihr erkennt sofort, wie viele Produkte sich insgesamt in meinem Einkauf befinden).

10.3 Rückgeld kontrollieren

Sobald ihr mit Bargeld bezahlt, zum Beispiel beim Bäcker oder Metzger, könnt ihr euch darin üben, das Rückgeld zu kontrollieren. Das passiert in zwei Schritten:

1. ihr rechnet die Differenz zwischen der Kaufsumme und dem übergebenen Geld(schein)

2. ihr addiert die Münzen und Scheine des Rückgeldes auf und vergleicht das Ergebnis mit der zuvor berechneten Differenz.

Da ihr die Kunden hinter euch nicht aufhalten wollt, arbeitet ihr unter Zeitdruck.

Beispiel: Ihr zahlt euren Einkauf über 6,57 Euro mit einem 20 Euro Schein.

6,57 mit 20 €	
7 auf 10 => 3 10 auf 20 => 10	Rechnet auf volle Euros, Fehler im Cent-Bereich könnt ihr verschmerzen.
13 €	Soviel muss euer Rückgeld mindestens betragen
0,57 auf 1 €	Wer will, rechnet noch die Cents
0,03 auf 0,60 0,40 auf 1 => 0,43	Ihr bekommt zusätzlich noch 43 Cent an Kleingeld.

Das heißt, ihr bekommt 13,43 Euro zurück. Wenn ihr euch dabei gleich überlegt, welche Münzen bzw. Scheine ihr wahrscheinlich erhaltet, fällt die Kontrolle besonders leicht.

6,57 mit 20 €	
7 auf 10 => 3 10 auf 20 => 10	2 € und 1 € Münzen 10 € Schein
0,03 auf 0,60 0,40 auf 1	2 Cent + 1 Cent 2 mal 20 Cent

Aufgaben Rückgeld berechnen (jeweils zu zahlender Betrag und gegebene Euro-Scheine):

1: 15,36; 50 €   2: 21,83; 40 €   3: 43,79; 100 €
4: 1,45; 10 €   5: 37,41; 50 €   6: 22,38; 30 €
7: 56,73; 70 €   8: 84,23; 100 €   9: 18,14; 50 €

Lösungen Rückgeld berechnen:

1: 34,64 €   2: 18,17 €   3: 56,21 €
4: 8,55 €   5: 12,59 €   6: 7,62 €
7: 13,27 €   8: 15,77 €   9: 31,86 €

10.4 Rabatte ausrechnen

„Noch einmal 15 Prozent Rabatt auf bereits reduzierte Ware." Das hört sich nach einem echten Schnäppchen an. Doch wie viel kostet nun das Teil tatsächlich?

Prozentrechnen fällt einfach, wenn wir aus einer Basis von Einhundert rechnen. Fünfzehn Prozent aus Einhundert sind ... Fünfzehn. Je nachdem, in welcher Preisregion ihr euch bewegt, rechnet ihr einen Rabatt von 1,50 pro 10 Euro, 15 pro 100 Euro, 150 pro 1000 Euro.

Zum einfacheren Rechnen bereitet ihr noch folgende Informationen vor: Rabatt für 20 Euro = 3 Euro, für 5 Euro = 0,75 Euro.

Der gewünschte Artikel kostet 73,50 Euro.

73,50 Euro	Davon 15% Rabatt abziehen
15% von 70: 7 • 1,50 = 7 + 3,50 = **10,50**	Ihr könnt auch rechnen 10 • 7 = 70; 5 • 7 = 35 => 70 + 35 = 105 => Komma verschieben 10,50
15% von 3,50 ⅓ von 1,50 = **0,50**	Rechnet ca. ⅓ von 1,50, da 3,50 ungefähr ⅓ von 10 Euro (genau wäre 3,33)
10,50 + 0,50 = **11**	Gerundeter Rabatt
73,50 – 11 = **62,50**	Zieht den errechneten Rabatt ab

=> der tatsächliche Endpreis beträgt 62,47, das bedeutet, in diesem Beispiel hättet ihr nur eine Differenz von 3 Cent.

Je nach vorgenommenen Rundungen kann die Differenz höher ausfallen. Tendenziell werden bei höheren Rabatten auch die Abweichungen größer.

Rechnen wir das Beispiel mit dreißig Prozent Rabatt:
- d.h. 10 => 3 Euro, 100 => 30 Euro Rabatt

73,50 Euro	Davon 30% Rabatt abziehen
30% von 70: 7 • 3 = **21**	3 Euro pro 10 Euro
30% von 3,50 ⅓ von 3 = **1**	Rechnet ca. ⅓ von 3, da 3,50 ungefähr ⅓ von 10 Euro (genau wäre 3,33)
21 + 1 = **22**	Gerundeter Rabatt
73,50 – 22 = **51,50**	Zieht den errechneten Rabatt ab

Der tatsächliche Endbetrag wäre 51,45 Euro gewesen.

Weitere mögliche Strategie:

73,50 Euro	Davon 30% Rabatt abziehen
30% von 75 Euro	Rundet auf 75 Euro auf
30 : 2 = 15 15: 2 = 7,50 15 + 7;50 = **22,50**	75 sind ¾ von 100, d.h. ihr müsst ¾ von 30 als Rabatt ausrechnen: Halbieren und davon noch einmal die Hälfte dazurechnen
73,50 − 22,50 = **51**	Zieht den errechneten Rabatt ab

Diesmal ist die Abweichung vom Endbetrag größer (um genau 30% des Rundungsbetrags von 1,50 = 0,45)

Einfache Sonderfälle:

50 Prozent Rabatt:
Ihr halbiert den Artikelpreis.

25 Prozent Rabatt:
Ihr halbiert den Artikelpreis und rechnet die Hälfte des halbierten Preises dazu:

68 Euro	Davon 25% Rabatt abziehen
68 : 2 = 34	Betrag halbieren
34 : 2 = 17	Nochmal halbieren => ein Viertel
34 + 17 = **51** **oder** 68 − 17 = **51**	Das Viertel zum halben Betrag addieren **oder** das Viertel vom Gesamtbetrag abziehen (in diesem Fall einfacher).

Spezialfälle und Tricks:

Rabatte werden häufig in Fünfer Schritten gewährt (10, 15, 20, 25, 30, 35, ...Prozent). Für alle Rechnungen, bei denen jeweils der gerundete Preis und der Rabatt auf fünf enden, bieten sich Rechentricks an, die ich in den vorigen Kapiteln erläutert habe.

1. Quadratzahlen zweistelliger Zahlen, die auf fünf enden (z.B. 15% Rabat auf 15 €, 25% Rabatt auf 25 €, ...siehe Kapitel 7.1):

Hier noch mal zur Wiederholung

Beispiel **15 • 15**	
Erhöhe eine Zehnerstelle um eins und multipliziere die Zehnerstellen	1 • 2 = 2
Hänge 25 an das Ergebnis	**225**

Das heißt 15% Rabat auf 15 € sind 2,25 €. Der Endpreis des Artikels beträgt dann 12,75 €.

2. Multiplikation zweistelliger Zahlen, die auf fünf enden, und die sich um den Wert Zehn unterscheiden (z.B. 15•25, 25•35,... Kapitel 5.4):

Beispiel **15 • 25**	
Multipliziere die höhere Zehnerstelle mit sich selbst	2 • 2 = 4
Ziehe 1 vom Ergebnis ab	4 – 1 = 3
Hänge 75 an das Ergebnis	**375**

15% Rabatt auf 25 € (oder 25% Rabatt auf 15 €) sind damit 3,75 €.

Die zwei obigen Regeln sind Spezialfälle der allgemeinen Methode zweistellige Zahlen zu multiplizieren, die auf fünf enden. Wer sich nur eine Regel merken möchte, verwendet die folgende generelle Methode:

Beispiel **15 • 55**	
Multipliziere die Zahlen ohne Einerstelle	10 • 50 = 500
Addiere die Zehnerstellen und multipliziere mit 5	10 + 50 = 60 60 • 5 = 300
Addiere die berechneten Zahlen und zusätzlich noch 25	**500 + 300 + 25** **= 825**

In unserem Beispiel 15 Prozent Rabatt von 73,50 Euro, rundet ihr auf 75 Euro auf.

Nach der allgemeinen Formel errechnet ihr den Rabatt mit

10 • 70 = 700

(10 + 70) • 5 = 80 • 5 = 400

700 + 400 + 25 = 1125

Da ihr mit Prozent rechnet, müsst ihr noch das Komma um zwei Stellen verschieben => 11,25

Ihr könnt aber auch eine der Spezialformeln anwenden: Dazu rechnet ihr statt dem Rabatt die Endsumme aus => 75 Euro • (100 – 15) = 75 Euro • 85 Prozent:

8 • 8 = 64

64 – 1 = 63 und 75 anhängen => 6375 => 63,75

Da wir 1,50 Euro auf 75 Euro aufgerundet haben, müssen wir die von der Endsumme abziehen:

63,75 − 1,50 = 62,25

Dadurch beträgt unsere Abweichung 15 Prozent des aufgerundeten Betrags (1,50 Euro) => 22,5 Cent.

11. Praxis: Im Restaurant

Hier bietet sich das Zusammenrechnen der Speisen und Getränke im Kopf an. Denn ihr habt genügend Zeit. Ihr könnt überprüfen, ob euer Geld ausreicht und ob die Rechnung stimmt. Schließlich könnt ihr vorab überlegen, wie viel Trinkgeld ihr geben wollt.

11.1 Rechnungssumme

Im Gegensatz zum Einkauf wollt ihr einerseits den genauen Betrag errechnen, andererseits habt ihr nicht so viele Preise zum Aufaddieren.

Während die Bedienung umständlich von rechts nach links die Preise mit Stift und Papier ausrechnet, habt ihr die Rechnungssumme schon längst im Kopf addiert.

Beispiel: Ihr seid zu zweit beim Essen und habt bestellt:

11,50 Pizza

5,80 Eis

3,50 Cola

12,70 Salat mit Putenstreifen

2,20 Espresso

3,10 Mineralwasser

Wenn die Zahlen so schön aufgelistet sind, ist das Ausrechnen im Kopf einfach.

Berechnet zuerst die Summe vor dem Komma:

Je nach Übung und persönlichen Präferenzen werdet ihr unterschiedliche Strategien anwenden. Ich zeige ein paar davon auf, ohne Anspruch auf Vollständigkeit:

Größte Beträge zuerst:

11 + 12 = 23, dann der Reihe nach

5 + 3 = 8 => 23 + 8 = 31

2 + 3 = 5 => 31 + 5 = 36

Zusammenfassen zu 10, wenn es die Zahlen hergeben. Die Zahlen sollten aber möglichst untereinander stehen, sonst wird es zu kompliziert.

5 + 3 + 12 = 20

2 + 3 = 5 => 20 + 5 = 25

25 + 11 = 36

Für Geübte: Ihr erfasst bereits auf einen Blick die Summe zweier untereinanderstehender Zahlen und addiert sie mit der Summe der nächsten zwei:

16 (11 + 5) + 15 (3 + 12) = 31

31 + 5 (2 + 3) = 36

Damit bekommt ihr sofort einen Eindruck von der Größenordnung der Rechnungssumme.

Wenn ihr keine Lust habt die Cent-Beträge aufzusummieren, rechnet ihr 50 Cent pro Position und kommt auf 6 • 0,50 = 3 => 36 + 3 = 39 Euro.

Wenn ihr den genauen Betrag errechnen wollt, versucht ihr die Cent-Werte möglichst günstig zu jeweils ein Euro zusammenzufassen. Hier:

0,50 + 0,50 = 1

0,70 + 0,20 + 0,10 = 1

1 + 1 + 0,80 = 2,80

Die Gesamtsumme beträgt also 36 + 2,80 = 38,80 Euro.

Normalerweise werdet ihr im Restaurant die Preise nicht aufschreiben, sondern ihr werdet sie nacheinander aus der Speisekarte lesen und müsst sie direkt im Kopf zusammenrechnen:

11,50 + 5,80

Ihr rechnet: 11 + 5 = 16. Da ihr seht, dass 0,50 + 0,80 größer als ein Euro ist, addiert ihr sofort im Kopf 1 dazu = 17. Dann müsst ihr nur noch den Cent Betrag aus der Summe von 0,50 + 0,80 = 1,30 anfügen => 17,30.

Führt die nächsten Rechnungen selbst durch

17,30 + 3,50 = _____

+ 12,70 = _____

+ 2,20 = _____

+ 3,10 = _____

Habt ihr ein Problem, euch die jeweilige Zwischensumme zu merken? Neben mehrmaligem Wiederholen hilft auch die Zahl laut auszusprechen.

Zusätzlich zum Kopfrechnen trainiert ihr so euer Kurzzeitgedächtnis. Ihr müsst die Zwischensumme im Kopf behalten, bis ihr in der Speisekarte den Preis für die nächste Position ermittelt habt.

11.2 Trinkgeld

Beim Ermitteln des Trinkgeldes geht ihr ähnlich vor wie beim Rabatt. Anstatt den ermittelten Wert zu subtrahieren, addiert ihr ihn.

Je nachdem, wie großzügig ihr seid und wie zufrieden ihr mit dem Essen und dem Service wart, gebt ihr zwischen 5 und 10 Prozent Trinkgeld.

Die Berechnung von 10 Prozent ist ganz einfach: Ihr müsst nur das Komma um eine Stelle nach links verschieben (analog einer Division durch 10):

10 Prozent von 38,80 Euro sind 3,88 Euro.

Allerdings könnt ihr beim Trinkgeld runden, da ihr üblicherweise einen glatten Euro-Betrag bezahlt.

Beispiel:

1. Ihr rundet auf 39 Euro + 3,90 Trinkgeld = 42,90, aufgerundet auf 43 Euro. In diesem Fall gebt ihr insgesamt 4,20 Euro Trinkgeld => annähernd 11 Prozent.

2. Ihr rundet ab auf 38 Euro + 3,80 Trinkgeld = 41,80 aufgerundet auf 42 Euro. Die insgesamt 3,20 Euro entsprechen dann etwas mehr als 8 Prozent.

Wenn ihr eher gegen 5 Prozent Trinkgeld geben wollt, dann berechnet ihr zuerst 10 Prozent und halbiert den Betrag:

39 Euro aufgerundet. 10 Prozent davon sind 3,90 => zum einfacheren Halbieren runden wir auf 4 Euro auf. 39 + 2 = 41 Euro. D.h. ihr gebt 2,20 Euro Trinkgeld, was ca. 5,7 Prozent entspricht.

Spezialtrick für die Berechnung des Endbetrags

Für die Berechnung des Endbetrages können wir eine Abwandlung der Methode zur Multiplikation mit 11 anwenden.

Wenn ihr zum Rechnungsbetrag 10 Prozent addiert, erhaltet ihr einen Endbetrag, der 110 Prozent entspricht. Das ist äquivalent mit einer Multiplikation mit 1,1 (Prozent = pro cent = pro hundert = geteilt durch 100). Statt mit 1,1 multiplizieren wir mit 11 und verschieben anschließend das Komma nach links.

Die Methode habe ich im Kapitel 5.5 beschrieben. Hier noch einmal die Rechenanweisung mit Beispielen zur Wiederholung:

Um eine zweistellige Zahl mit 11 zu multiplizieren, addiert ihr die Ziffern dieser Zahl und schiebt die Summe in die Mitte.

Beispiele:

34 • 11 => 3 + 4 = 7 => das Ergebnis lautet 374.

42 • 11 => 4 + 2 = 6 => das Ergebnis lautet 462.

Übt noch einmal mit folgenden Zahlen:

23 • 11

61 • 11

54 • 11

18 • 11

(Ergebnisse: 253, 671, 594, 198)

Wenn die Summe der Ziffern 9 übersteigt, dann arbeitet ihr mit einem Übertrag:

46 • 11 => 4 + 6 = **10** => 506 (4 + **1**, **0** in die Mitte)

29 • 11 => 2 + 9 = **11** => 319 (2 + **1**, **1** in der Mitte)

Übt mit folgenden Zahlen:

19 • 11

87 • 11

76 • 11

68 • 11

(Ergebnisse: 209, 957, 836, 748)

Zurück zu unserem Beispiel im Restaurant:

Ihr rundet die 38,80 Euro auf 39 Euro auf.

Damit berechnet ihr nach obiger Methode das Produkt mit 11 => 429, verschiebt das Komma nach links => 42,90

Berechnet nun das Ergebnis, wenn ihr auf 38 Euro abrundet.

.....

Ich hoffe, ihr habt 41,80 Euro herausbekommen.

Mit dieser Methode spart ihr euch die Addition des errechneten Prozentbetrages. Allerdings funktioniert sie nur, falls ihr bereit seid, etwa 10 Prozent Trinkgeld zu geben.

12. Praxis: Im Auto

Hier findet ihr ein paar Anregungen für Kopfrechenaufgaben rund ums Auto. Als Fahrer solltet ihr euch auf die Fahrt konzentrieren. Als Beifahrer und in Pausen könnt ihr euch den folgenden Berechnungen widmen.

12.1 Benzinverbrauch

Falls euer Auto eine Anzeige des durchschnittlichen Benzinverbrauchs besitzt, könnt ihr überprüfen, ob die Anzeige stimmt. Falls nicht, solltet ihr den Verbrauch auf jeden Fall berechnen. Ihr benötigt die Information, um die Fahrtkosten zu ermitteln und um diese mit alternativen Verkehrsmitteln zu vergleichen.

Ich habe zum Beispiel festgestellt, dass die Anzeige des durchschnittlichen Benzinverbrauchs in meinem Auto um 0,2 Liter von dem tatsächlichen Verbrauch abweicht.

Wie geht ihr vor?

Ihr tankt, bis der Zapfhahn automatisch die Benzinzufuhr stoppt. Dann stellt ihr den Kilometerzähler im Auto auf Null. Beim nächsten Tanken (am besten bei der gleichen Tankstelle und Zapfsäule) lest ihr die Anzahl der gefahrenen Kilometer von dem Zähler ab.

Die Formel für den durchschnittlichen Benzinverbrauch pro 100 Kilometer lautet:

Getankte Liter geteilt durch (gefahrene Kilometer geteilt durch hundert).

Beispiel: Ihr habt 36,7 Liter getankt und seid 528 Kilometer gefahren.

Nach der Formel müsstet ihr rechnen:

36,7 : (528 : 100) = 36,7 : 5,28

Unmöglich im Kopf zu berechnen? Ok, das sieht schwer aus, deshalb gönnt ihr euch eine kleine Vereinfachung: Statt 5,28 rechnet ihr mit 5,3. Die zwei Kilometer sollten kaum ins Gewicht fallen.

Zunächst schaut ihr nur auf die Zahlen vor dem Komma: 36 : 5. Aus dem kleinen Einmaleins wisst ihr, dass 7 • 5 = 35 ergibt. D.h. ihr rechnet mit 7.

Die 35 habt ihr schon, ihr braucht noch 7 • 0,3.

7 • 3 : 10 = 21 : 10 = 2,1

Die addiert ihr zu den 35: 35 + 2,1 = 37,1.

Das bedeutet bei einem Verbrauch von 7 Litern hättet ihr 0,4 Liter mehr tanken müssen. Der tatsächliche Verbrauch wird also knapp unter 7 Liter pro hundert Kilometer liegen.

Teilt die 0,4 durch 5 (5,3 gerundet): 0,4 : 5 = 0,08 und zieht diesen Wert von 7 ab, um noch genauer zu rechnen:

7 – 0,08 = 6,92

D.h. ihr kommt auf einen Wert von 6,92 Liter pro Hundert Kilometer.

Die Rechnung per Taschenrechner ergibt 6,95.

Das bedeutet, trotz der Rundungen beträgt die Abweichung nur 0,03 Liter pro Hundert Kilometer und ihr habt dafür eure Gehirnzellen trainiert.

Wenn ihr euch die Ausführungen des Kapitels 8 ins Gedächtnis ruft, rundet ihr einfach folgendermaßen:

5,28 => 5 (ca. 0,3 gerundet)

36,7 => 35 (1,7 gerundet, theoretisch müsstet ihr ca. 2,1 runden (7 • 0,3), um im gleichen Verhältnis wie die 5 abzurunden)

Bei Divisionen werden Dividend und Divisor entweder ab oder aufgerundet.

35 : 5 = 7 → in diesem Fall beträgt die Rundungsdifferenz 0,05.

Noch ein Beispiel:
Ihr benötigt 29,8 Liter für 556 Kilometer.
Rechnung: 29,7 : 5,56

29,7 : 5,56	
30 : 5,6	Rundet beide Beträge auf (siehe Kapitel 8, die Kunst des Rundens)
5 • 5,6 = 25 + 5 • 0,6 = 25 + 3 = **28**	5,6 „passt" maximal 5 mal in 30, es bleibt ein Rest von 2
2 : 5,6	Rest teilen, um Nachkommastellen zu berechnen
2 : 6 = ⅓ = 0,33	5,6 auf 6 runden
5 + 0,33 = **5,33**	Gerundetes Ergebnis

Der Taschenrechner hätte euch 5,34 ausgegeben.

Hier ein zwei Tipps, um den Benzinverbrauch zu reduzieren. Messt einmal den Verbrauch, **bevor** ihr euch an sie haltet und anschließend, während ihr sie beherzigt.

1. Während der Beschleunigungsphase verbraucht der Motor am meisten Benzin. Vermeidet also abruptes Beschleunigen und unnötige Überholvorgänge. Ich sehe immer wieder Fahrer, die rasant überholen, dann abbremsen und abbiegen. Oft lohnt sich das Überholen kaum, weil man kurz darauf wieder hinter einem langsamen Fahrzeug hängt.

2. Jedes Mal, wenn ihr auf die Bremse steigt, entzieht ihr eurem Auto Energie, die ihr ihm später wieder zuführen müsst (siehe Punkt 1). Das bedeutet nicht, dass ihr nicht mehr Bremsen sollt. Haltet genügend Abstand und fahrt

vorausschauend. Sobald ihr seht, dass der Fahrer vor euch bremst oder langsamer wird, geht ihr vom Gas.

Auf der Landstraße gehe ich etwa einen halben Kilometer vor dem Ortsschild vom Gaspedal.

12.2 Sicherheitsabstand

Abgesehen davon, dass ihr bei entsprechendem Abstand Benzin sparen könnt, ist die Einhaltung eines Sicherheitsabstandes zum vorausfahrenden Fahrzeug in der STVO vorgeschrieben. Ihr kennt vielleicht die „halbe Tacho" – Regel, nach der ihr bei einer Geschwindigkeit von 100 km/h einen Abstand von 50 m einhalten solltet. Aber was bedeutet das? Wie viel Zeit habt ihr zum Reagieren? Im nächsten Kapitel lernt ihr, wie ihr km/h in m/s umrechnen könnt. Das heißt, ihr könnt ausrechnen, wie lange ein Auto bei 100 km/h für die Strecke von 50 Metern benötigt.

13. Praxis: Umrechnungen

Verschiedene Länder verwenden Maßeinheiten, an die wir nicht gewohnt sind. Unser Gehirn hat eine relativ genaue Vorstellung von zum Beispiel Entfernungs- oder Temperaturangaben, wenn sie in Einheiten erfolgen, die wir kennen.

Ihr „wisst" wie weit 50 Kilometer entfernt sind oder wie heiß 35° Celsius sind. Aber sagen euch 50 Meilen oder 35° Fahrenheit etwas?

Deshalb rechnen wir von der ungewohnten Einheit in die gewohnte Einheit um, damit unser Gehirn eine bessere Vorstellung von Entfernungs-, Temperatur- oder Gewichtsangaben bekommt. Dabei kommt es selten auf eine exakte Berechnung an, sondern um eine Annäherung, die uns das Vorstellungsvermögen erleichtert.

Außer bei der Umrechnung von Fahrenheit nach Celsius, rechnet ihr in den nachfolgenden Kapiteln eine Einheit in die andere mit Hilfe eines Faktors um.

Das heißt, das Prinzip bleibt immer gleich, ihr müsst nur eine möglichst einfache Methode für die Multiplikation bzw. Division des jeweiligen Faktors finden.

13.1 Zeitumrechnungen

1 Stunde = 60 Minuten = 3600 Sekunden.

Soweit ist die Umrechnung „kein Problem". Ich zeige euch drei Fälle, auf die ich selbst öfter stoße und die eine kleine Herausforderung darstellen.

13.1.1 Dezimale Angabe von Stundenbruchteilen

In unserer digitalen Welt findet ihr immer wieder Angaben von Bruchteilen einer Stunde. Das einfachste Beispiel ist noch 1,5 Stunden, was einer Stunde und 30 Minuten entspricht. Aber wie viele Minuten sind 0,84 Stunden?

Ihr solltet euch dafür merken, dass ein Stundenbruchteil von 0,1 = 6 Minuten sind (ein Zehntel von 60 Minuten). Ein Bruchteil von 0,01 entspricht 6 Minuten geteilt durch 10 => 360 Sekunden : 10 = 36 Sekunden.

In obigen Beispiel rechnet ihr:

0,84 Stunden	Umrechnung in Minuten
$8 \cdot 6 = 48$	0,1 Stunde sind 6 Minuten
$4 \cdot 36 = 4 \cdot 30 + 4 \cdot 6 = 2$ Minuten 24 Sekunden	0,01 Stunde sind 36 Sekunden Je 60 Sekunden rechnet ihr eine Minute
$48 + 2 = \mathbf{50}$ Minuten (+ 24 Sekunden)	Minuten (und Sekunden) addieren

Wenn euch eine näherungsweise Berechnung genügt (max. 48 Sekunden Abweichung), vereinfacht sich die Umrechnung in ganze Minuten wie folgt:

0,**84** Stunden	Umrechnung in Minuten
$8 \cdot 6 = 48$	Nehmt die erste Dezimalstelles (8) hinter dem Komma mal 6
$4 : 2 = 2$	Dividiert die zweite Dezimalstelle (4) hinter dem Komma durch 2
$48 + 2 = \mathbf{50}$ Minuten	Addiert die Minuten

Noch ein Beispiel:

0,17 Stunden	Umrechnung in Minuten
$1 * 6 = 6$	Nehmt die erste Dezimalstelles (1) hinter dem Komma mal 6

7 : 2 = 3,5 => 4	Bei ungeraden Ziffern immer aufrunden
6 + 4 = **10** Minuten	Addiert die Minuten (genau wären es 10 Minuten und 12 Sekunden)

Rechnet Stunden in Minuten und Sekunden um:

0,11 Stunden	0,22 Stunden	0,33 Stunden
0,54 Stunden	0,65 Stunden	0,76 Stunden
0,87 Stunden	0,98 Stunden	0,19 Stunden

Noch ein Hinweis: 0,05 entspricht 3 Minuten (die Hälfte von 0,1). D.h. sobald die zweite Dezimalstelle größer gleich 0,05 beträgt, rechnet ihr 3 Minuten dazu und ggf. 1 – 4 mal 36 Sekunden (z.B. 0,07 = 3 Minuten und 2 mal 36 Sekunden = 4 Minuten 12 Sekunden)

Lösungen (jeweils in Minuten und Sekunden, falls ihr genau gerechnet habt). Wenn ihr nur annäherungsweise rechnet, seht ihr, wie nah ihr an das tatsächliche Ergebnis gekommen seid:

6m 36s	13m 12s	19m 48s
32m 24s	39m	45m 36s
52m 12s	58m 48s	11m 24s

13.1.2 Umrechnung Sekunden in Stunden

Im IT Bereich sehe ich oft Angaben in Sekunden, z.B. Job-Laufzeiten oder CPU-Laufzeit.

Gerade für die Langläufer ist die Umrechnung in Stunden aussagekräftiger.

Beispiel: Ein Job läuft 10000 Sekunden. Damit kann ich nicht viel anfangen. Ich brauche die Angabe in Stunden. Die korrekte Berechnung wäre 10000 geteilt durch 3600.

Wenn ich nur einen groben Anhaltspunkt benötige, rechne ich einfach 10000 : 4000 = 2,5 (also 2 Stunden und 30 Minunten).

Wenn es etwas genauer sein soll, rechne ich noch ein Zehntel des Ergebnisses dazu: 2,5 + 0,25 = 2,75 (also 2 Stunden und 45 Minuten)

Und hier kommt die exakte Berechnung:

10000 : 3600	Umrechnung in Stunden
100 : 36	Nullen streichen, um die Zahlen zu vereinfachen.
100 : 4 : 9	Zerlegung der 36 in Faktoren: 36 = 4 • 9 und getrennte Division
100 : 4 = 25	Zuerst Wert durch 4 teilen
$25 : 9 = 2,\overline{77}$ $\approx 2,78$	Dann Ergebnis durch 9 teilen (siehe Kapitel 6.2 und nachfolgenden Exkurs)

Rechnet dieses Ergebnis wie im letzten Abschnitt gelernt in Stunden und Minuten um: 2,78 Stunden = 2 Stunden und ..... Minuten.

In den folgenden zwei Abschnitten zeige ich euch Techniken für das Teilen durch 9. Diese habe ich im Kapitel 6.2 ausgeklammert, um die Anzahl unterschiedlicher Strategien nicht weiter zu erhöhen. Es sind sowieso schon so viele, dass sich niemand alle merken kann. Für die Umrechnung von Sekunden in Stunden, sind diese aber ggf. nützlich.

13.1.3 Exkurs: Teilen zweistelliger Zahlen durch 9

Da wir diese Methode für das Teilen durch 3600 (über die Faktorzerlegung) benötigen, hier ein kleiner Exkurs.

Beispiel 34 : 9	
Addiert Zehnerstelle und Einerstelle	3 + 4 = 7
Wenn die Summe (7) kleiner 9 ist, hängt ihr diese Ziffer als Periode hinter die **Zehnerstelle**	$3,\overline{7}7$ oder 3 Rest 7

Beispiel 19 : 9	
Addiert Zehnerstelle und Einerstelle	1 + 9 = 10
Wenn die Summe (10) größer 9 ist, dann nehmt ihr die Zehnerstelle + 1 vor das Komma und die Summe – 9 als Periode hinter die Zehnerstelle	$2,\overline{1}1$ oder 2 Rest 1

Beispiel 54 : 9	
Addiert Zehnerstelle und Einerstelle	5 + 4 = 9
Wenn die Summe gleich 9 ist, erhaltet ihr das Ergebnis, indem ihr 1 zur Zehnerstelle addiert (5 + 1)	6

Tatsächlich müsstet ihr die Summe geteilt durch 9 hinzuzählen, was für zweistellige Zahlen bis auf eine Ausnahme immer 1 ergibt. Bei der 99 ergibt die Summe 18 => geteilt durch 9 = 2. Das heißt ihr addiert 2 zur Zehnerstelle und erhaltet 11.

Und wie funktioniert es für dreistellige Zahlen?

13.1.4 Exkurs: Teilen dreistelliger Zahlen durch 9

Dabei verwendet ihr im zweiten Schritt entweder die oben beschriebene Methode oder die Standardmethode aus Kapitel 10.

Beispiel **325 : 9**	
Addiert die Einerstelle zu Hunderter und Zehnerstelle	32 + 5 = 37
Berechnet das Ergebnis für die Summe geteilt durch 9	37 : 9 = 4 Rest 1 oder 4,$\overline{11}$
Addiert das Ergebnis zur **Hunderter und Zehnerstelle**	**32 + 4,$\overline{11}$ =** 36,$\overline{11}$ (oder 36 Rest 1)

Beispiel **689 : 9**	
Addiert die Einerstelle zu Hunderter und Zehnerstelle	68 + 9 = 77
Berechnet das Ergebnis für die Summe geteilt durch 9	77 : 9 = 8 Rest 5 oder 8,$\overline{55}$
Addiert das Ergebnis zur **Hunderter und Zehnerstelle**	**68 + 8,$\overline{55}$ =** 76,$\overline{55}$ (oder 76 Rest 5)

Übungsaufgaben findet ihr im Kapitel 6.2.

Die oben vorgestellten Methoden sind meiner Meinung nach einen Tick schneller als die im Kapitel 6.1 vorgestellte Standardmethode. Probiert sie aus und entscheidet selbst, ob ihr sie euch merken wollt (z.B, wenn ihr die Division durch 9 häufig benötigt).

Warum funktioniert diese Strategie?

Beispiel **689 : 9**	
Ihr betrachtet Hunderter und Zehner → **ihr habt jetzt quasi 680 durch 9 geteilt (= 68 Rest 68). Diesen Schritt rechnet ihr nicht, ihr setzt ihn automatisch.**	$680 = 68 \cdot 10 =$ $68 \cdot (9 + 1) =$ $68 \cdot 9 + 68$
Zum Rest von 68 addieren wir die Einerstelle	$68 + 9 = 77$
Teilt die 77 durch 9, wie für zweistellige Zahlen gelernt	$77 : 9 = 8,\overline{55}$
Addiert das Ergebnis zu dem Ergebnis aus Schritt 1	$68 + 8,\overline{55} =$ $76,\overline{55}$

Sobald der Dividend größer gleich 900 beträgt, setzt ihr sofort die 100 und rechnet mit dem Wert, der 900 übersteigt weiter:

931 : 9 → 100 merken und nur noch mit 31 rechnen

$31 : 9 = 3,\overline{44}$

$100 + 3,\overline{44} = 103,\overline{44}$

13.1.5 Stundenkilometer in Meter pro Sekunde

Im Prinzip ist die Rechnung analog zum letzten Abschnitt. Ein Kilometer entspricht 1000 Meter und eine Stunde 3600 Sekunden.

Beispiel:

100 km/h = 100 000 m / 3600 s

Streicht die überflüssigen Nullen: 1000 m / 36 s

Verwendet wieder die Faktorzerlegung:

$(1000 : 4) : 9 = 250 : 9 = 27,\overline{77}$ (siehe Exkurs)

Nehmen wir ein etwas anspruchsvolleres Beispiel:

130 km/ h = 130 000 m / 3600 s

1300 m / 36 s

$(1300 : 4) : 9 = 325 : 9 = 36,\overline{11}$ (siehe Exkurs und Kapitel 6.2)

Wenn ihr nur einen angenäherten Wert benötigt, könnt ihr auch mit der Methode geteilt durch 10 plus ein Zehntel rechnen:

325 : 10 = 32,5

=> addiert ein Zehntel: 32,5 + 3,25 = 35,75 (rundet auf eine ganze Zahl auf: 36)

13.2 Metrische Umrechnungen

Zoll in Zentimeter

Angaben in Zoll finden sich häufig bei Computer-Hardware: Festplatten, Monitore, Laptop-Monitore, Tablets, Smartphones, Fernseher.

Ein Zoll entspricht 2,54 Zentimeter. Größenangaben lassen sich näherungsweise umrechnen, indem ihr sie mit 2,5 multipliziert: Ein 8 Zoll Tablet hat eine Bildschirmdiagonale von 8 • 2,5 cm = 20 cm. Für den exakten Wert müsst ihr noch 8 • 0,04 cm = 0,32 cm addieren => 20 + 0,32 = 20,32 cm.

Wenn der Multiplikand durch 4 teilbar ist (wie hier die 8), könnt ihr ggf. schneller rechnen, indem ihr durch 4 teilt und mal 10 nehmt: 8 : 4 = 2 => 2 • 10 = 20. Ein 40 Zoll

Fernseher hat folglich eine Bildschirmdiagonale von etwa (40 : 4) • 10 = 100 cm (genau 101,6 cm).

Meilen in Kilometer
Eine Meile entspricht 1,60934 Kilometer. Näherungsweise rechnet ihr mit 1,6 oder 1,61 Kilometer.
Beispiel: 110 Meilen = 110 • 1,6 Kilometer
- ihr teilt die Meilen durch 2: 110 : 2 = 55
- addiert das Ergebnis: 110 + 55 = 165
- addiert ein Zehntel der Meilen: 165 + 11 (110 : 10) = 176.
- Noch genauer wird es, wenn ihr zusätzlich ein Hundertstel addiert: 176 + 1,1 = 177,1
- das genaue Ergebnis wäre 177,0274

13.3 Sonstige Umrechnungen

Kuchenrezepte umrechnen
Ihr habt ein Rezept für eine Kuchenform mit 26 cm Durchmesser, wollt aber den gleichen Kuchen in einer 28 cm Form backen. Ihr müsst also die Zutatenmenge erhöhen, damit der Kuchen genauso hoch wie im ursprünglichen Rezept wird – aber um wie viel?

Die einfachste Lösung ist, die Zutaten im gleichen Verhältnis der Flächen der Kuchenformen zu berechnen. Wir verwenden die Formel für die Kreisfläche: $A = r^2\pi$, wobei wir $\pi \approx 3,15$ (tatsächlicher Wert ca. 3,14) setzen.

$13^2 \cdot 3{,}15 = 169 \cdot 3{,}15$	26er Form (13 cm Radius)
$3 \cdot 170 - 3 = 507$	Wert mal 3 berechnen
$0{,}15 \cdot 170 = 1{,}5 \cdot 17 =$ $17 + 8{,}5 = 25{,}5$	Kommawerte berechnen und Ab- runden auf 25
$507 + 25 = \mathbf{532}$	Werte addieren
$14^2 \cdot 3{,}15 = 196 \cdot 3{,}15$	28er Form (14 cm Durchmesser)
$3 \cdot 200 - 12 = 588$	Wert mal 3 berechnen
$0{,}15 \cdot 196 = 1{,}5 \cdot 19{,}6$ ≈ 29	Rechne mit 20 und ziehe dafür 1 vom Ergebnis ab: $30 - 1 = 29$
$588 + 29 = 590 + 30 -$ $3 = \mathbf{617}$	Werte addieren
$617 - 532 = 85$	Differenz der Flächen (68 auf 600 und 17 addieren)
$(85 : 532) \cdot 100 =$ $8500 : 532 \approx 16$	Berechne den Prozentanteil der zusätzlichen Fläche der 28er Form an der 26er Form: 85 : 5 wäre 17, da ihr aber mit 5,32 rechnen müsstet, runden wir einfach ab auf **16** Prozent
15,98 Prozent	Exaktes Ergebnis mit $\pi = 3{,}14$

Ok, das im Kopf zu rechnen ist Hardcore aber eine gute Übung. Wenn ihr euch das Ergebnis merkt oder aufschreibt, müsst ihr es auch nur einmal berechnen (Uups: es steht ja schon da ☺). Jetzt bleiben nur noch die Umrechnungen von 26 cm nach 30 cm und 28 cm nach 30 cm.

Je nachdem, wie oft ihr mit welchen Formen backt, könnt ihr bei der Umrechnung der Zutaten üben. Um die richtigen Mengen für die 28er Form zu ermitteln, addiert ihr 16 Prozent der Menge der 26er Form.

Beispiele:

100g => 100g + 16g = 116g	16% von 100 = 16
250g => 250g + 40g = 290g	16% von 250 = 4 • 4 • 2,5 = 4 • 10 = 40
80g => 80g + 13g = 93g	16% von 80 = **10** • 0,8 + **5** • 0,8 + **1** • 0,8 = 8 + 4 + 0,8 = 12,8 ≈ 13

Kilowatt in PS

Viele hängen noch an der alten Leistungsangabe für PKWs.

Die Umrechnung lautet 1 kW entspricht 1,35962 PS. Näherungsweise rechnet ihr mit 1,36.

Beispiel: 47 kW = 47 • 1,36 PS

- rechnet 47 • 4 = 40 • 4 + 7 • 4 = 160 + 28 = 188
- zieht ein Zehntel ab: 188 – 18,8 = 170 – 0,8 => 169 gerundet → damit habt ihr ca. 3,6 mal den kW-Betrag.
- teilt durch 10: 169 : 10 = 16,9 → 0,36 mal kW-Betrag
- addiert das zum kW-Betrag: 47 + 16,9 = 63,9
- der genaue Wert ist 63,90214

Kilojoule in Kilokalorien

Mit der Angabe von Kilojoule beim Nährwert von Lebensmitteln können wir im Allgemeinen nicht viel anfangen. Deshalb hier die Methode zum näherungsweisen Umrechnen.

Eine Kilokalorie entspricht 4,187 Kilojoule oder ein Kilojoule entspricht 0,239 Kilokalorien (gerundet). Ihr rundet noch weiter auf 0,24.

Beispiel: 480 kJ = 0,24 • 480 Kilokalorien
- rechnet kJ geteilt durch 10: 480 : 10 = 48 → 0,1
- verdoppelt den Wert: 48 • 2 = 96 → 0,2
- Teilt diesen Wert durch 10 und verdoppelt: 96 : 10 • 2 = 9,6 • 2 = 19,2 (Nachkommastellen ignorieren) → 0,04
- addiert beide Werte: 96 + 19 (rechnet 19 − 4 + 100 = 15 + 100) = 115
- Der tatsächliche Wert ist 114,64

Also gut – diese Rechenmethode ist etwas für Kopfrechen-junkies. **Für den Normalgebrauch reicht es, einfach die Kilojoule durch 4 zu teilen: 480 : 4 = 120.**
Wer unbedingt will, kann ja noch ein Hundertstel abziehen:
480 : 100 = 4,8 (gerundet auf 5)
→ 120 − 5 = 115

Fahrenheit in Celsius
Wenn ihr euch mit einem US-Bürger über das Wetter unterhalten wollt, solltet ihr zumindest eine ungefähre Vorstellung von der Temperatureinheit Fahrenheit haben.
Leider erfordert die Umrechnung von Fahrenheit in Celsius eine Formel und nicht nur einen einfachen Faktor.
Die Formel lautet:
Celsius = (Fahrenheit − 32) • 5 : 9 bzw.
Fahrenheit = (Celsius • 9 : 5) + 32.

Beispiel: Wie viel Grad Celsius sind 100 Grad Fahrenheit?
- rechnet 100 − 32 = 68
- rechnet 68 • 5 = 68 : 2 • 10 = 34 • 10 = 340
- rechnet 340 : 9 = 37,$\overline{77}$ (siehe Exkurs)

Das Problem dabei ist, dass ihr während einer Unterhaltung kaum eine solch komplexe Umrechnung durchführen werdet.

Da unser Gehirn an eine Temperaturangabe in Celsius gewöhnt ist, empfehle ich folgende Vorgehensweise:

Ihr prägt euch eine einfach zu merkende Umrechnung ein (z.B. **10** Grad Celsius = **50** Grad Fahrenheit) und geht von dort aus nach oben oder unten: Je 5 Grad Celsius korrigiert ihr den gemerkten Fahrenheitwert um 9 bzw je 10 Grad Celsius um 18 Grad Fahrenheit

Celsius	Fahrenheit
0	32
5	41
10	**50**
15	59
20	68

Wenn ihr keine hundertprozentig genaue Umrechnung benötigt und ihr euch nicht allzuweit vom Ausgangswert (10 Grad Celsius) entfernt, addiert einfach den doppelten Gradwert zum Fahrenheit-Ausgangswert (50 Grad Fahrenheit):

30 Grad Celsius (**10** + 20) sind etwas weniger als 90 (**50** + 2•20) Grad Fahrenheit

Im umgekehrten Fall subtrahiert ihr 50 von der Fahrenheit-angabe, teilt durch zwei und addiert ein Zehntel dazu. Das Ergebnis addiert ihr zu 10 Grad Celsius:

110 Grad Fahrenheit in Celsius:

- rechnet: $110 - 50 = 60$
- rechnet: $60 : 2 = 30$
- rechnet: $30 + 3 = 33$ (3 = ein Zehntel von 30)
- rechnet: $10 + 33 = 43$
- Ergebnis: 43 Grad Celsius

(Tatsächlicher Wert: 43,33)

14. Übersicht: die effektivsten Rechentricks

Hier findet ihr eine Auswahl der vorgestellten „Rechentricks", die meiner Meinung nach entweder sehr nützlich sind (Aufrechnen, Multiplikation/Division mit 5, 9, Multiplikation mit gleicher Zehnerstelle) oder einen hohen „Show"-Effekt haben (Multiplikation mit 11, Quadrieren von Zahlen mit 5).

Bittet beachtet: Kopfrechnen besteht nicht nur aus Rechentricks. Die hier aufgeführten Strategien sind in bestimmten Fällen äußerst effektiv, decken aber nur einen kleinen Ausschnitt der denkbaren Rechenaufgaben ab.

Differenz zur nächsten Zehnerpotenz	
Kapitel	4.2
Beispielaufgabe	10000 − 3826
3 + **6** = 9 8 + **1** = 9 2 + **7** = 9 6 + **4** = 10 → **6174** (Ergebnis)	Ermittle zu jeder Ziffer die Differenz zur 9. Bei der letzten Ziffer oder wenn nur Nullen folgen, ermittle die Differenz zur 10

Multiplikation mit 5	
Kapitel	2.1
Beispielaufgabe	49 • 5
49 : 2 = 24,5 → **245** oder 49 − 1 = 48 48 : 2 = 24 → 240 240 + 5 = **245**	Teile durch 2 und hänge eine 0 an das Ergebnis (oder verschiebe das Komma nach rechts). **Bei ungeraden Zahlen** auch: reduziere um 1. Teile durch 2, hänge eine 0 an das Ergebnis und addiere 5 dazu.

Division durch 5 (zweistellige Zahlen)	
Kapitel	2.5
Beispielaufgabe	47 : 5
$4 \cdot 2 = 8$ $7 > 5$ $\rightarrow 8 + 1 = 9$ $7 - 5 = \mathbf{2}$ $\mathbf{2} \cdot 0{,}2 = 0{,}4$ $9 + 0{,}4 = \mathbf{9{,}4}$	Multipliziere die Zehnerstelle mit 2. Wenn die Einerstelle > 5, dann addiere 1. Ziehe 5 von der Einerstelle ab. Den Rest der Einerstelle multipliziere mit 0,2 und addiere.

Multiplikation mit 9 (für Einmaleins)	
Kapitel	6.2
Beispielaufgabe	7 • 9
$7 - 1 = \mathbf{6}$ $9 - \mathbf{6} = \mathbf{3}$ $\rightarrow \mathbf{63}$	Reduziere den Multiplikand um 1. Ergänze den Rest zur 9. Setze aus beiden Zahlen das Ergebnis zusammen.

Division durch 9 (zweistellige Zahlen)	
Kapitel	6.2
Beispielaufgaben	51 : 9
$\mathbf{5} + 1 = \mathbf{6}$ $5\,\mathbf{^6/_9} = 5{,}\overline{\mathbf{66}}$	Addiere Zehner und Einerstelle. Wenn die Summe < 9, dann ist die Lösung die Zehnerstelle + Summe geteilt durch 9.
2. Beispiel	58 : 9
$5 + 8 = 13$ $5 + 1 = \mathbf{6}$ $13 - 9 = \mathbf{4}$ $\mathbf{6}\,\mathbf{^4/_9} = 6{,}\overline{\mathbf{44}}$	Addiere Zehner und Einerstelle. Wenn die Summe ≥ 9, dann ist die Lösung die Zehnerstelle + 1 + (Summe − 9) geteilt durch 9

Multiplikation mit 11 (2 stellige Zahlen)	
Kapitel	5.5
Beispielaufgaben	27 • 11
2 + 7 = **9** 2**9**7	Addiere Zehner und Einerstelle. Wenn die Summe ≤ 9, dann schiebe sie zwischen Zehner und Einerstelle.
Beispiel 2	48 • 11
4 + 8 = **12** 4 + 1 = **5** → **52**8	Addiere Zehner und Einerstelle. Wenn die Summe > 9, dann erhöhe die Zehnerstelle um 1 und schiebe die Einerstelle der Summe zwischen Zehner- und Einerstelle.
Multiplikation bei gleicher Zehnerstelle (2 stellige Zahlen)	
Kapitel	5.4
Beispielaufgaben	34 • 32
4 + 2 = 6	Addiere die Einerstellen. Wenn die Summe ≥ 10, dann addie- re 1 zu einer Zehnerstelle.
3 • 3 = 9 → 900	Multipliziere die Zehnerstellen und füge 00 hinzu.
3 • 6 = 18 → 180	Multipliziere den ursprünglichen Wert der Zehnerstelle mit der Einer- stelle der Summe und füge 0 hinzu.
4 • 2 = 8	Multipliziere die Einerstellen.
900 + 180 + 8 = **1088**	Addiere die Einzelwerte, um das Er- gebnis zu erhalten.

2. Beispiel	45 • 47
5 + 7 = 12 4 + 1 = **5**	Addiere die Einerstellen. **Wenn die Summe ≥ 10, dann addiere 1 zu einer Zehnerstelle.**
4 • 5 = 20 → 2000	Multipliziere die Zehnerstellen und füge 00 hinzu.
4 • 2 = 8 → 80	Multipliziere den ursprünglichen Wert der Zehnerstelle mit der Einerstelle der Summe und füge 0 hinzu.
5 • 7 = 35	Multipliziere die Einerstellen.
2000 + 80 + 35 = **2115**	Addiere die Einzelwerte, um das Ergebnis zu erhalten.

Der folgende Rechentrick ist ein Spezialfall der Multiplikation mit gleicher Zehnerstelle.

Quadrieren von Zahlen mit 5 (zweistellig)	
Kapitel	7.1
Beispielaufgabe	35^2
3 • 4 = 12 **1225**	Multipliziere die Zehnerstelle mit dem Wert der Zehnerstelle + 1 Füge 25 an.
2. Beispiel (mit Komma)	$6,5^2$
6 • 7 = 42 **42,25**	Multipliziere den Wert vor dem Komma mit dem Wert + 1 Füge 0,25 dazu

Ihr könnt diesen Spezialfall auch für die folgenden Fälle anwenden:

Multiplikation gleiche Zehnerstelle mit einer 5 und einer ungeraden Zahl	
Kapitel	-

Beispielaufgabe	45 • 47
$45^2 = 2025$ $7 - 5 = 2$ $2 • 45 = 90$ $2025 + 90 = 2115$	Berechne die Quadratzahl mit 5 Nimm die Differenz zu 5 bei der Einerstelle der zweiten Zahl Multipliziere die Differenz mit der ersten Zahl (5 auf Einerstelle) **Addiere** beide Zahlen (oder subtrahiere, wenn 2. Einerstelle < 5)
2. Beispiel	35 • 31
$35^2 = 1225$ $5 - 1 = 4$ $4 • 35 = 140$ $1225 - 140 = 1085$	Berechne die Quadratzahl mit 5 Nimm die Differenz zu 5 bei der Einerstelle der zweiten Zahl Multipliziere die Differenz mit der ersten Zahl (5 auf Einerstelle) **Subtrahiere** (oder addiere, wenn 2. Einerstelle > 5)

Das zweite Beispiel zeigt einmal mehr, dass ganz verschiedene Strategien zum Ziel führen. Die oben gezeigte ist meiner Meinung nach die schlechteste. Besser finde ich die Vorgehensweise wie bei „Multiplikation mit gleicher Zehnerstelle":

$30 • 30 = 900; 6 • 30 = 180; 5 • 1 = 5; 900 + 180 + 5 = 1085$

Am einfachsten ist aber ggf. folgende Rechnung:

$35 • (30 + 1) = 35 • 30 + 35 = 1050 + 35 = 1085$

Probiert bei jeder Aufgabe möglichst viele verschiedene Rechenstrategien oder erfindet welche. Damit trainiert ihr euer Gehirn nach neuen Lösungswegen zu suchen und den optimalen Weg zu erkennen.

15. Wie geht es weiter?

Ihr habt Gefallen daran gefunden, euer Gehirn mit etwas Nützlichem zu trainieren?

Dann solltet ihr nicht nachlassen. Legt bei jeder Gelegenheit Taschenrechner oder Smartphone beiseite und rechnet mit eurem eigenen Kopf.

Wenn ihr noch mehr Übung braucht, findet ihr auf
https://rechnen.avko.de

- Übungsblätter mit Aufgaben zum Ausdrucken (Rechnen ohne Zeitdruck)
- Browser-Apps mit Spiel (Tic-Tac-Toe) und Aufgaben (hier müsst ihr die Aufgabe innerhalb einer vorgegebenen Zeit lösen)
- Links auf weitere Literatur zum Thema Kopfrechnen
- Links auf Video-Tutorials für einige Themen aus dem Buch

Ich werde diese Website erweitern und neue Browser-Apps, Spiele und Video-Tutorials hinzufügen.

Deshalb empfehle ich, euch in den Newsletter auf https://rechnen.avko.de **einzutragen, der maximal einmal im Quartal erscheinen wird.**

16. Appendix: Beweisführungen

Für alle, die nur das glauben, was sie selbst nachrechnen können: hier die „Beweisführungen" für einige der oben erläuterten Rechenstrategien. Das sind keine mathematisch exakten Beweise, sondern sie sollen zeigen, welche Überlegungen hinter den jeweiligen Strategien stehen.

16.1 Allgemein für Beispiel 33 • 37

Rechenstrategie aus Kapitel 2.4. Setzt die Zehnerstelle = x für die Ziffern von 1 bis 9.

x3 • x7	Allgemeine Aufgabe
(x0 + 3) • (x0 + 7)	Umformen Addition aus Zehner und Einerstelle
x0 • x0 + x0 • 7 + 3 • x0 + 3 • 7	Ausmultiplizieren der Klammern
x0 • x0 + 10 • x0 + 3 • 7	Zusammenfassen der mittleren Produkte x0 • 7 + 3 • x0 zu 10 • x0 (x0 • 7 = 7 • x0 wegen Kommutativgesetz)
x0 • (x0 + 10) + 21	x0 ausklammern und 3 • 7 ausmultiplizieren
x • (x + 1) • 100 + 21	Aus x0 und der Klammer jeweils 10 ausklammern (10 • 10 = 100). Die 100 berücksichtigt die Strategie, weil ihr 21 (= 2 Stellen) an das Ergebnis von x • (x + 1) anhängt.

16.2 Allgemein für Beispiel 35 • 45

Rechenstrategie aus Kapitel 5.4 – Multiplikation von zweistelligen Zahlen, die sich um 10 unterscheiden mit 5 auf der Einerstelle.

Setzt als a eine Zahl zwischen 1 und 8 und b eine Zahl zwischen 2 und 9 mit $b = a + 1$, also ist $b0 = a0 + 10$.

a5 • b5	Allgemeine Aufgabe
$(a0 + 5) • (b0 + 5) =$ **$(b0 - 5)$** $• (b0 + 5)$	Umformen Addition aus Zehner und Einerstelle: $a0 = b0 - 10$ (Umformung von oben), dann gilt $a0 + 5 = b0 - 10 + 5 =$ **$b0 - 5$**
$b0 • b0 + b0 • 5 - 5 • b0 - 5 • 5$	Ausmultiplizieren der Klammern
$b0 • b0 - 5 • 5$	Zusammenfassen der mittleren Produkte $b0 • 5 - 5 • b0$ zu 0
$b • b • 100 - 25$	jeweils die 10 aus b0 ausklammern ($10 • 10 = 100$) und $5 • 5$ ausmultiplizieren
$b • b • 100 - 100 + 75$	Ersetzt -25 durch -100 + 75. Damit vereinfacht ihr die Subtraktion von 25 durch eine Subtraktion von 1 (nächste Zeile)
$(b • b - 1) • 100 + 75$	Klammert die 100 aus den ersten beiden Ausdrücken aus. Die 100 berücksichtigt die Strategie, weil ihr 75 (= 2 Stellen) an das Ergebnis von $b • b - 1$ anhängt.

16.3 Rundungsdifferenzen

Im Kapitel 8 habe ich die Auswirkung von Rundungen an konkreten Beispielen gezeigt, weil das meiner Ansicht nach anschaulicher ist (und weil ich euch nicht zumuten will, mit

Buchstaben zu rechnen...). Hier eine allgemeiner gehaltene Berechnung. Für die Addition und Subtraktion rechnet ihr mit einem Rundungsbetrag von 1 beim Aufrunden und -1 beim Abrunden.

a + b	Addition
(a + 1) + (b + 1) = a + 1 + b + 1 = a + b + 2	Beide Zahlen aufrunden: Abweichung **+ 2**
(a + 1) + (b − 1) = a + 1 + b − 1 = a + b	Eine Zahl aufrunden, die andere Abrunden: Abweichung **0**
(a − 1) + (b − 1) = a − 1 + b − 1 = a + b − 2	Beide Zahlen abrunden: Abweichung **-2**

a − b	Subtraktion
(a + 1) − (b + 1) = a + 1 − b − 1 = a − b	Beide Zahlen aufrunden: Abweichung **0**
(a + 1) − (b − 1) = a + 1 − b + 1 = a − b + 2	Eine Zahl aufrunden, die andere Abrunden: Abweichung **2**
(a − 1) − (b − 1) = a − 1 − b + 1 = a − b	Beide Zahlen abrunden: Abweichung **0**

Um bei Multiplikation und Division einfacher rechnen zu können, soll der Rundungsbetrag jeweils 10 Prozent einer Zahl a bzw. b betragen. Außerdem gewöhnt ihr euch daran bei Multiplikation und Division die Rundungsdifferenzen als Prozentzahlen zu sehen. Bei einer Abrundung rechnet ihr mit 0,9 • a und bei einer Aufrundung mit 1,1 • a.

a • b	Multiplikation
a • 1,1 • b • 1,1 = a • b • 1,1^2 = a • b • 1,21	Beide Zahlen aufrunden: Abweichung **+21%**
a • 1,1 • b • 0,9 = a • b • 1,1 • 0,9 = a • b • 0,99	Eine Zahl aufrunden, die andere Abrunden: Abweichung **-1%**
a • 0,9 • b • 0,9 = a • b • 0,9^2 = a • b • 0,81	Beide Zahlen abrunden: Abweichung **-19%**

a : b	Division
(a • 1,1) : (b • 1,1) = (a : b) • (1,1 : 1,1) = a : b	Beide Zahlen aufrunden: 1,1 aus Zähler und Nenner ausklammern = 1 Abweichung **0%**
(a • 1,1) : (b • 0,9) = (a : b) • (1,1 : 0,9) = (a : b) • 1,$\overline{22}$	Eine Zahl aufrunden, die andere Abrunden: Abweichung ca. **+22%**
(a • 0,9) : (b • 0,9) = (a : b) • (0,9 : 0,9) = a : b	Beide Zahlen abrunden: 0,9 aus Zähler und Nenner ausklammern = 1 Abweichung **0%**

16.4 Wurzelberechnung

Bei der näherungsweisen Berechnung einer Wurzel versucht ihr, zu einem Wert W (Zahl unter der Wurzel) die Zahl x zu finden, deren Quadrat W ergibt.

Zunächst ermittelt ihr eine Zahl a, deren Quadrat möglichst nahe an der Zahl W liegt. Da die Zahl W größer als a^2 ist, wisst ihr, dass noch ein Teil fehlt.

$W = x^2 = (a + b)^2$	W = Zahl unter der Wurzel, a = Zahl, deren Quadrat nahe bei W liegt, b = gesuchter Rest, um möglichst nahe an x zu kommen.
$W = a^2 + 2ab + b^2$	Klammer ausmultiplizieren
$W - a^2 = 2ab + b^2$	Wir subtrahieren auf beiden Seiten der Gleichung a^2: Ihr ermittelt die Differenz zwischen Wurzelzahl und Quadrat der Zahl a ($W - a^2$)
$(W - a^2) : 2a = b + (b^2 : 2a)$	Gleichung durch 2 • a teilen: Ihr teilt die Differenz durch 2 • a und setzt diesen Wert als b, in der Annahme, dass $b^2 : 2a$ vernachlässigbar klein ist.
$x \approx a + (W - a^2) : 2a$	Die tatsächliche Abweichung hängt von dem Ausdruck ($b^2 : 2a$) ab (siehe Erläuterung im Text)

Wie ihr in der Tabelle seht, bestimmt der Ausdruck $b^2 : 2a$ die Genauigkeit eurer Berechnung. Versucht, diesen möglichst klein zu halten, indem ihr ein a^2 findet, das nahe bei W liegt -→ damit wird die Differenz im Zähler kleiner und 2 mal a im Nenner größer.

Ihr könnt den gerundeten Wert für b (nenne ich mal b_g) nehmen, den Ausdruck $b_g^2 : 2a$ berechnen und von b_g abziehen (wie im ersten Beispiel in Kapitel 9). Das macht aber nur Sinn, wenn der Ausdruck

1. Einfach zu berechnen ist (im Beispiel geteilt durch 10)
2. b_g größer als ein Zehntel von a ist

Überlegung zu 2.: b_g = a : 10

Ersetzt damit bg in b_g^2 : 2a $\longrightarrow$ (a^2 : 10^2) : 2a

Durch Kürzen von a und ausmultiplizieren ergibt sich a : 200.

D.h. wenn b_g ein Zehntel von a beträgt, korrigiert ihr euer ermitteltes Ergebnis um ein Zweihundertstel von a.

Achtung: Da ihr für die Berechnung b_g verwendet (weil ihr das echte b nicht kennt), erhaltet ihr auch durch diese Korrektur nicht den tatsächlichen Wert des Wurzelausdrucks, sondern nur eine Näherung.

Quellennachweis:

Bei diesem Buch handelt es sich nicht um ein wissenschaftliches Werk. Ich habe keine tiefergehende Literaturrecherche durchgeführt und ihr werdet keine Quellenangaben im Text finden.

Im Wesentlichen habe ich mir einige Anregungen und Strategien aus dem Buch
  „Mathe-Magie" von Arthur Benjamin und Michael Shermer (Heyne Verlag)
  geholt und teilweise abgewandelt.
  Es hat aber auch sehr viel Spaß gemacht, eigene Strategien auszudenken und auszuprobieren.

Website: https://rechnen.avko.de
eMail: rechnen@avko.de